L'écologie est-elle encore scientifique ?

Christian Lévêque

Éditions Quæ
RD 10
F – 78026 Versailles Cedex

© Éditions Quæ, 2013
ISBN : 978-2-7592-1916-2

Merci à Geneviève, Didier, Bernard, Pablo, Yanni, Thierry
et tous les autres…

Sommaire

Avant-propos

L'écologie est-elle toujours une science ? On peut parfois en douter compte tenu des nombreuses idées reçues qu'elle véhicule et le silence, voire parfois la complicité, des écologues devant certaines prises de position de nature idéologique.

Et si c'est une science, quel est réellement son champ de compétence ? Elle fait le grand écart entre les sciences physiques de l'environnement et les sciences de l'homme et de la société. Est-ce la plus humaine des sciences de la nature ? Ou bien doit-elle se recentrer sur ses fondamentaux autour de la connaissance du monde vivant ? On peut également s'interroger sur ses capacités à formaliser son champ de connaissance de manière à acquérir une dimension réellement opérationnelle.

En tant qu'écologue ayant pataugé dans des systèmes aquatiques continentaux en divers endroits du monde, afin d'essayer de comprendre leur organisation et leur fonctionnement, je ne me reconnais plus dans certaines dérives actuelles de ma discipline. Je ne me reconnais pas non plus dans les discussions byzantines de l'écologie terrestre qui, selon moi, a trop privilégié les approches réductionnistes, perdant de vue que la démarche systémique est en réalité la raison d'être de l'écologie. À beaucoup de points de vue, l'écologie des systèmes aquatiques continentaux (lacs, rivières, zones humides…) semble mieux se porter, peut-être parce qu'elle est restée plus proche des préoccupations de la société et des gestionnaires. Ces milieux occupent une surface ridicule par rapport aux milieux marins ou terrestres, mais leur importance est vitale pour notre vie quotidienne et notre économie. En outre, si elle est souvent marginalisée dans les ouvrages d'écologie, l'écologie aquatique a souvent été pionnière sur le plan des concepts.

Toujours est-il qu'après avoir participé à de nombreuses réflexions sur la recherche en écologie, ainsi qu'à des programmes internationaux (Programme biologique international, Global Biodiversity Assessment, Millenium Ecosystem Assessment) et contribué à mettre en place de nombreux programmes de recherches multidisciplinaires, je m'interroge sur l'avenir de cette discipline qui m'est chère. À mon tour je « m'indigne » de l'absence d'une réelle politique scientifique dans ce domaine, que ne peuvent masquer les discours incantatoires et idéologiques sur la biodiversité. Je m'indigne de voir la recherche en écologie s'enfermer dans des débats virtuels, s'éloignant ainsi des préoccupations de la société. Je m'indigne que l'on veuille en faire une science normative, alors que dans le monde vivant, le hasard et la conjoncture jouent un rôle essentiel ! Je m'inquiète enfin des critiques grandissantes sur l'intérêt de recherches qui coutent si cher et qui apportent si peu !

Les sujets de préoccupation sont nombreux :
– l'écologie utilise de nombreux termes qui n'ont pas de signification précise et cet écueil sémantique entraîne beaucoup de confusions dans le langage ;
– l'écologie, science d'observation par excellence, se transforme en une science virtuelle, recyclant les mêmes informations en l'absence de données nouvelles, par des chercheurs qui n'auront jamais mis les pieds sur le terrain… ;
– l'écologie, qui devrait être aussi une science expérimentale en vraie grandeur, se perd dans les méandres des études en microcosmes ou de modèles virtuels abstraits, loin des réalités du monde ;
– la science écologique est de plus en plus instrumentalisée, voire pilotée, par des mouvements idéologiques que ce soit l'écologie politique ou les mouvements de conservation de la nature. Mais elle l'est aussi de plus en plus par l'économie. La trop grande inféodation de la recherche écologique à ces mouvements peut rendre suspects certains résultats, ou museler certaines expressions ;

– l'absence d'une véritable politique de recherche à long terme sur le fonctionnement des écosystèmes conduit à une balkanisation des recherches, une absence de capitalisation des données et des retours d'expérience et, au total, un énorme gâchis financier et scientifique ;
– les politiques d'évaluation des recherches sont plus attentives à l'indice de citation qu'au contenu des articles et, par voie de conséquence, donnent la priorité aux recherches « rentables » à court terme (c'est-à-dire publiables rapidement) au détriment des recherches à long terme.

Bref, il y a largement matière à s'indigner et à dénoncer pêle-mêle, l'inertie des institutions, la fonctionnarisation de la recherche (qui n'est plus, comme autrefois, une belle aventure intellectuelle...), l'emprise des idéologies, la fascination de l'outil mathématique, etc. Le Centre d'analyse stratégique a pointé du doigt l'insuffisance de la gouvernance environne-mentale[1], qui est balkanisée, engendrant redondance, contradictions et inertie. Il stigmatise notamment la « faiblesse particulièrement préoccupante de l'attention accordée au discours scientifique ». Encore faut-il que ce discours soit compréhensible et fondé.

Fort heureusement, l'écologie n'est pas (encore) une discipline à l'agonie. Depuis une vingtaine d'années, elle a largement revisité ses concepts fondateurs qui faisaient la part trop belle aux notions d'équilibre de la nature. Du temps où l'on parlait d'équilibre et de stabilité des écosystèmes, nous sommes passés à celui de systèmes en perpétuel changement, dont la dynamique s'inscrit sur des trajectoires temporelles. Variabilité et hétérogénéité sont devenues les mots clés de l'écologie moderne. D'une approche déterministe basée sur l'existence de lois de fonctionnement des écosystèmes, nous évoluons vers une approche stochastique donnant un plus grand rôle

---

1. Patriarca E., Vingt ans après Rio, la terre sans gouvernance. *Libération*, 03 février 2012.

au hasard et à la conjoncture. Une véritable révolution culturelle qui est loin d'être correctement prise en compte dans l'enseignement et les manuels d'écologie. Un des problèmes est que les outils ont du mal à suivre pour utiliser ces nouveaux concepts. Et le public, comme les gestionnaires, semble avoir beaucoup de difficultés à abandonner les concepts périmés qui étaient devenus partie intégrante de leur culture. Pourtant, il faut se faire une raison : nous vivons dans un monde qui bouge, qui change, qui évolue. Le jardin d'Eden fait partie des mythes sympathiques de notre société. Mais il n'a rien à voir avec la science.

Vous avez dit écologie ?

*Néanmoins, une question en général est toujours posée, qui a
l'habitude d'être une objection faite aux Curieux de la nature,
lorsque le vulgaire les voit occupés à scruter leurs objets
et les produits de la nature, et il pose cette question très souvent
avec un ricanement. Il demande À QUOI CELA SERT-IL ?
Comme si ces ignorants disaient que celui qui étudie une science
qui ne promet aucun avantage, est complètement insensé...*

Linné, 1752

Évacuons le vieux débat qui semble encore amuser certains :
l'homme fait-il ou non partie de la nature ? L'écologie n'est
pas la science des sanctuaires de la nature. Si les écologues ont
autrefois recherché des endroits peu perturbés par les activités
humaines pour y mener leurs travaux, ce n'est pas par philosophie. C'est tout simplement parce que la recherche d'un
ordre de la nature est si compliquée qu'ils préféraient éviter
un bruit de fond supplémentaire. Ce constat est évidemment
plus prosaïque que les grandes envolées philosophiques sur la
place de l'homme dans la nature... mais il correspond au vécu
d'un écologue.

Une question par contre très actuelle concerne l'étendue et
la cohésion des champs disciplinaires couverts par l'écologie.
Car si l'écologie est issue historiquement des sciences naturelles (botanique et zoologie), son champ de compétence
s'est considérablement élargi par la suite. Mais on reste en
général assez discret sur les implications de cet élargissement
notamment dans l'organisation des recherches.

La biologie des populations et l'écologie évolutive

On peut ainsi considérer un premier cercle de recherches qui concerne essentiellement les études sur la biologie des espèces et leurs exigences en matière d'habitat, ainsi que les relations entre espèces, *via* la compétition pour les ressources et les chaînes trophiques notamment. C'est en quelque sorte la prolongation des recherches menées par les disciplines traditionnelles, botanique et zoologie. C'est le domaine étiqueté « biologie des populations » qui mobilise le plus grand nombre de chercheurs car il permet des recherches individuelles ou en petites équipes.

À ce premier cercle, on peut rattacher diverses facettes de l'écologie qui sont issues du progrès des connaissances et des techniques. C'est le cas par exemple de l'écologie microbienne, qui aborde la place et le rôle des micro-organismes dans un habitat. C'est également le cas de l'écologie évolutive qui, bénéficiant des avancées de la biologie moléculaire, traite plus particulièrement du rôle des contraintes de l'environnement sur l'évolution des organismes vivants, de la valeur adaptative des traits biologiques et de leurs capacités à évoluer.

L'écologie des écosystèmes

Un deuxième cercle, autour du concept d'écosystème, nous invite à considérer à la fois les êtres vivants et le milieu physico-chimique dans lequel ils évoluent. En termes concrets, le régime hydrologique et la géomorphologie sont des éléments structurants de l'écologie des systèmes aquatiques au même titre que la dynamique des peuplements de poissons. C'est ce que l'on appelle couramment l'écologie des écosystèmes. Elle mobilise de fait diverses disciplines académiques relevant des sciences de la nature. Mais l'articulation et la coordination entre ces disciplines ne va pas de soi…

Ce champ de recherche empiète en réalité sur une autre discipline académique plus ancienne : la géographie. Toutes deux s'inscrivent dans le même espace biophysique et développent une démarche systémique. Mais pendant longtemps les deux disciplines se sont ignorées. Pourtant, quelques exemples de collaboration fructueuse (on pense au concept d'hydrosystème qui doit beaucoup à un géographe) devraient inciter les écologues à plus d'ouverture. La prise en compte de l'espace, et la manière d'y inscrire les éléments de la nature, a permis sans aucun doute de faire progresser la réflexion sur l'organisation de la nature. L'écologie des paysages et les systèmes d'information géographique (SIG) participent à cette structuration de la pensée écosystémique.

L'écologie globale

Un troisième cercle concerne ce que l'on appelle l'écologie globale. Comme son nom l'indique, elle s'adresse à l'ensemble de la biosphère, cette pellicule superficielle de la planète qui renferme les êtres vivants et dans laquelle la vie est possible en permanence. Le concept de biosphère met l'accent sur les interrelations entre les organismes et leur environnement à l'échelle planétaire. On peut y rattacher l'étude des grands cycles biogéochimiques, mais aussi une partie des recherches sur la biodiversité. Un avatar du concept de biosphère est la théorie *Gaïa* proposée par J. Lovelock qui prône que la terre est un organisme autorégulé.

Cette écologie globale nécessite la mise en place de programmes internationaux coordonnés à l'exemple de « Global Change » qui est devenu le programme international Géosphère-Biosphère (PIGB). Il a pour objectif de décrire et comprendre les interactions entre les processus physiques, chimiques et biologiques qui régulent le système Terre, ainsi que la manière dont les changements qui interviennent dans ce système sont influencés par les activités anthropiques. L'ambition affichée est de prédire comment les activités humaines vont perturber le système Terre.

Si l'on se réfère par ailleurs à la définition de la biodiversité (diversité des gènes, des espèces et des écosystèmes), cette dernière serait en quelque sorte une science de synthèse à l'échelle de la biosphère, du niveau moléculaire au niveau planétaire, du monde vivant au monde physique (géologie, climat) et chimique (cycles des éléments).

L'anthroposystème

De manière générale, les trois premiers cercles sont axés sur les sciences du vivant et leurs interactions avec l'environnement physico-chimique. Les interactions avec la société sont vues sous l'angle des conséquences des activités humaines, considérées comme des contraintes extérieures au système. La question centrale pour ce quatrième cercle est le niveau d'intégration des sciences écologiques et des sciences sociales. L'écologie, doit-elle être la science des relations entre les hommes-sociétés et la nature-écosystèmes ? Si oui, jusqu'à quel point doit-elle prendre en compte les dynamiques sociales ? Ou doit-elle se limiter à son champ de compétence, celui des relations entre les êtres vivants et leur environnement biophysique ?

Écartelée entre son appartenance aux sciences biologiques et les grands débats de société qui la tirent vers la scène politique, l'écologie est certainement aujourd'hui une science à part. Comme le disait Deléage (1991), l'écologie est « la plus humaine des sciences de la nature » car elle fait converger biologie, physique et chimie, mais aussi économie et histoire, pour une étude des interactions du vivant avec son milieu, qui inclut l'homme en tant qu'être vivant et en tant qu'être social.

On peut continuer à rêver aux espaces vierges et à une nature paradisiaque. Nous en avons probablement besoin pour notre équilibre mental. Mais la réalité est plus prosaïque. La plupart des espaces européens ont été créés ou aménagés pour et par l'activité des hommes. L'agriculture d'abord, qui a façonné des paysages que certains envisagent maintenant de patrimonialiser. L'industrie, les transports et l'urbanisation ensuite, qui ont imprimé leur empreinte sur le tissu rural. En Europe, le bilan est loin d'être négatif car nombre de ces milieux aménagés sont maintenant considérés comme des milieux « naturels » à haute valeur écologique ou patrimoniale. On assiste par ailleurs à la réhabilitation des milieux urbains, pourtant entièrement artificiels au départ, mais dans lesquels la « nature » retrouve ses marques.

Le débat récurrent sur la nature et l'homme qui agite encore certains cénacles est donc bien dépassé dans la réalité. Nous vivons dans des systèmes qui sont le produit d'une co-évolution. On peut apprécier ou non les tendances, mais le fait est que nous évoluons dans un jardin planétaire dans lequel on privilégie certaines espèces pour des raisons économiques, éthiques ou esthétiques, alors que nous refusons à d'autres espèces le droit de cité pour ces mêmes raisons économiques, ou de confort, ou de santé. C'est le choix de la société. Les discours alarmistes ou idéologiques qui jettent l'anathème sur l'espèce humaine ne sont pas du ressort de l'écologie scientifique.

Le concept d'anthroposystème a été développé dans le cadre du programme Environnement, vie et sociétés du CNRS (Lévêque et van der Leeuw, 2003), pour insister sur le fait que beaucoup de nos systèmes dits naturels sont en réalité des systèmes fortement anthropisés, dont la dynamique est fortement contrainte par les activités humaines. Il s'agit de se démarquer clairement du concept d'écosystème connoté « naturel » et de son cortège de paradigmes. L'anthroposystème peut être défini comme une entité structurelle et fonctionnelle prenant en compte les interactions sociétés-milieux, l'ensemble co-évoluant dans la longue durée.

> *Une telle conception présente des implications théoriques fortes. Ainsi, elle met fin au mythe d'un état de référence, dit pristine, et à la nostalgie d'un paradis perdu qu'il conviendrait de recréer, mais aussi à celui, tout aussi chimérique, de l'équilibre dynamique stationnaire qu'il faudrait atteindre, maintenir ou restaurer. Elle complique donc singulièrement le travail du chercheur qui doit admettre que les transformations et la variabilité des états du système analysé sont la règle alors que la stationnarité est seulement un état temporaire. D'où la nécessité de s'inscrire dans la longue durée et de développer une démarche rétroactive pour comprendre quels sont les processus hérités du passé encore à l'œuvre aujourd'hui. Mais, alors qu'on ne peut modifier le cours du passé, celui du futur est encore ouvert et dépend des forces qui sont à l'œuvre, tels, par exemple, les choix des sociétés en matière de développement et de cadre de vie.* Muxart, 2004.

Cette diversité des approches fait probablement la richesse de l'écologie, mais se traduit dans la réalité par des clivages disciplinaires et des luttes de pouvoir. De manière un peu schématique, les sciences de la vie ont la main sur la biologie des populations et les géosciences sur l'écologie globale. L'écologie des écosystèmes et les anthroposystèmes, par essence multidisciplinaires, ont par contre du mal à trouver leur place dans le paysage scientifique actuel.

L'écologie des écosystèmes, une science de synthèse ?

L'écologie, qui a souvent du mal à se faire reconnaitre par les autres disciplines scientifiques, se présente néanmoins en ordre dispersé, chacun essayant de créer une « niche » pour se différencier du voisin. Sans prétention d'exhaustivité, on entend ainsi parler d'agroécologie, de biogéographie, de macroécologie, d'écologie comportementale, de biologie (ou écologie) de la conservation, de biologie des invasions, d'écologie de restauration, d'écologie microbienne, d'écologie virale, d'écologie moléculaire, de paléoécologie, d'écologie évolutive, d'écologie urbaine, d'écologie du paysage, etc. Il existe bien entendu des redondances et des chevauchements, mais aussi des complémentarités, entre ces différentes subdivisions.

De fait, si certains écologues répètent à l'envie que nous manquons de connaissances, on peut aussi penser que nous avons beaucoup de connaissances, mais qu'elles ne sont pas mobilisées ou mobilisables et qu'elles n'ont pas toujours été recueillies en fonction des besoins exprimés. La balkanisation des recherches mène sans aucun doute au recueil de données peu valorisables. On comprend alors la nécessité d'y voir clair dans cette masse d'informations, souvent disparates que certains ont appelé le « fardeau de la connaissance » (*the burden of knowledge* de Jones, 2009).

La réalisation de synthèses des informations est une démarche fondamentale en écologie et dans le domaine de l'environnement en général (Carpenter *et al.*, 2009). Il s'agit à la fois :
– de dégager cette vision systémique dont nous avons besoin ;
– de faire le point sur l'état des connaissances et de cette manière éviter des pertes de temps et d'argent soit dans des recherches redondantes, soit en mettant en œuvre des programmes non pertinents par rapport aux objectifs de recherche ;
– de remobiliser les données accumulées sur de nouvelles interrogations et perspectives ;
– de créer des connaissances nouvelles, de nature interdisciplinaire, en formulant de nouvelles approches sur des questionnements existants.

Las, cette démarche de bons sens n'a presque jamais lieu, ou alors de manière superficielle. Il faut sans cesse répondre à de nouveaux appels d'offre pour obtenir des financements et il est rare que des appels d'offre portent sur des synthèses de données…

L'écologie des écosystèmes en France

> *Écologie : terme provenant du grec* Oikos *et qui signifie maison (sciences de l'habitat) et logos qui signifie discours. Il s'agit donc de la science des conditions d'existence et des interactions entre les organismes et leur environnement.*[2]

L'implantation de l'écologie des écosystèmes en France, en tant que discipline à part entière, reste difficile. Dans un pays où la botanique et la zoologie furent longtemps dominantes, l'approche systémique de l'écologie n'est pas culturelle. Ainsi, au début du XXe siècle, l'emprise de la phytosociologie a probablement entravé une participation active des scientifiques français à l'écologie naissante.

Après la seconde guerre mondiale, alors que l'écologie systémique se développe dans les pays anglo-saxons, l'Université française fait du ravalement de façade, en transformant l'intitulé des laboratoires de botanique en laboratoires « d'écologie végétale » et les laboratoires de zoologie en « laboratoires de zoologie et d'écologie »… En réalité, beaucoup de naturalistes restaient fondamentalement des botanistes ou des zoologistes (Golley, 1993). Il faudra attendre 1969 pour que soit créée la Société française d'écologie (SFE), alors que la British Ecological Society a été fondée en 1913 et l'Ecological Society of America en 1915. Ajoutons que la SFE n'a guère eu l'envergure de ses cousines anglo-saxonnes…

Les écologues aquatiques, quant à eux, avaient pris les devants en créant l'Association française de limnologie (AFL), filiale de la Société internationale de limnologie (SIL), dont la première

---

2. http://www.developpements-durable.com

réunion annuelle eut lieu à Thonon-les-Bains en 1955, à l'initiative de B. Dussart. L'existence de cette association et les traditions académiques expliquent que l'écologie aquatique et l'écologie terrestre aient suivi, le plus souvent, des voies séparées.

Il n'est pas inutile de rappeler à ce sujet que le concept d'écosystème appliqué aux lacs a largement anticipé l'article considéré comme fondateur de Tansley (1935). À la fin du XIXe siècle, l'américain S.A. Forbes (*The lake as a microcosm*, 1887) et le suisse F.A. Forel, avec ses travaux sur le Léman, ont largement développé la notion de système écologique composé d'espèces et de leur environnement physico-chimique (cf. Lévêque, 2001). L'écologie aquatique avait donc quelques longueurs d'avance !

Le Programme biologique international (PBI), dans les années 1960, va fort heureusement permettre à plusieurs écologues français de se confronter à la communauté internationale. F. Bourlière et M. Lamotte joueront un rôle important en écologie terrestre, notamment par la production d'ouvrages et l'organisation de séminaires qui serviront à faire connaître les méthodes et les principes de l'écologie systémique (voir par exemple Lamotte et Bourlière, 1967, 1978, 1983). Parmi les écosystèmes aquatiques qui furent étudiés dans le cadre du PBI, citons en particulier le lac Tchad, les lacs Pavin, de Port-Biehl et de Créteil ainsi qu'un torrent d'altitude, l'Estaragne (Lamotte et Bourlière, 1983). En milieu terrestre un programme phare fut celui des écosystèmes de savanes sur le site de Lamto en Côte d'Ivoire. Ces programmes avaient en commun les études de productivité des écosystèmes et d'écologie des peuplements *via* l'étude des flux de matière et d'énergie.

La mobilisation autour de l'étude d'écosystèmes avait surtout été le fait de naturalistes reconvertis, mais on s'était vite rendu compte qu'il fallait aussi mobiliser d'autres sciences de la nature pour décrire et comprendre la dynamique des écosystèmes. Géologues, pédologues, géographes, hydrologues, chimistes, etc. furent alors convoqués au banquet de la connaissance. Mais, après le PBI, la volonté politique commençait à faire défaut. Aux États-Unis, certains sites PBI furent pérennisés en sites LTER (recherche écologique à long terme). En France, beaucoup cessèrent d'intéresser la communauté scientifique et le retour au « chacun dans son jardin », attitude assez traditionnelle chez les écologues, favorisa des recherches réductionnistes sous l'appellation de biologie des populations. Peut être la pression de publication qui commençait à s'exercer incita-t-elle aussi certains écologues à s'investir sur des recherches plus « rentables » à court terme. Toujours est-il que l'étude des écosystèmes, vue sous l'angle de la dynamique à long terme des interactions espèces/communautés/environnement, ne se perpétua que dans quelques sites dans lesquels des chercheurs motivés continuaient à s'investir avec beaucoup d'opiniâtreté et de difficultés.

Les écologues français ne sont pas restés indifférents à l'avenir de leur discipline. À diverses reprises, ils se sont inquiétés de ses perspectives d'avenir. Ainsi, en 1981, un groupe d'écologues réunis aux Houches réfléchit aux orientations de l'écologie française et aux obstacles épistémologiques auxquelles elle est confrontée. Parmi ceux-ci, on relèvera :
– la *fascination par l'objet* : l'écologiste se perd dans la description de plus en plus détaillée d'un système écologique mal défini, faute d'une problématique précise ;
– la *fascination par l'outil* : l'esprit se détourne de l'objet et perd de vue le problème étudié. En écologie, cette perversion se rencontre fréquemment à propos de techniques mathématiques ou informatiques ;
– la *fascination par le concept* : l'hypothèse de travail s'érige en dogme, le mot évocateur devient fétiche (théorie des catastrophes, stratégie adaptative, etc.) et les objets donnent lieu à manie classificatoire (Séminaire des Houches, 1981).

Toujours dans les années 1980, deux éminents spécialistes, Francisco di Castri et Claude Henry, sont sollicités pour évaluer l'écologie française et faire des propositions. Le rapport Henry (1984) rappelle que « l'écologie est une science opérationnelle qui, grâce à la pluralité de ses approches, permet d'appréhender la complexité des écosystèmes et des systèmes d'organisation [...] Facilitant les liaisons entre disciplines, [...] elle établit notamment un pont utile entre la biologie fondamentale et l'ensemble des sciences humaines et de la société. » Pour Henry, chercheur en sciences sociales, l'écologie n'est donc pas seulement une science biologique, mais une science de l'environnement.

F. di Castri (1983), quant à lui, s'intéresse à l'organisation de la recherche universitaire française. Son diagnostic est simple mais sévère : l'université tend à maintenir les structures et les programmes existants et non pas à encourager des programmes novateurs. Il est difficile de mettre en place de nouvelles initiatives en dehors des structures administratives habituelles et de rassembler des scientifiques appartenant à diverses institutions autour de questions qui nécessitent une approche intégrée. Ces blocages sont responsables de la crise de l'écologie en France... Ces propos seront repris dans les mêmes termes presque 10 ans plus tard par J.C. Lefeuvre (1991). Mais apparemment les instances scientifiques n'en tirèrent aucune leçon.

En 1991, la Société française d'écologie s'interroge à son tour sur l'avenir de l'écologie. P. Jouventin (1991) écrit alors : « Aujourd'hui encore, le dialogue entre spécialistes du monde animal et végétal, du milieu marin et terrestre, reste difficile chez nous. Notre "atavisme naturaliste" nous masque l'évidence qu'un chercheur isolé n'est plus viable dans l'organisation actuelle de la recherche et de l'enseignement. L'individualisme et le territorialisme restent trop souvent de mise et des chercheurs de valeur s'étonnent encore qu'en conservant cette pratique ils ne parviennent pas à recruter ou à se voir confier de coûteux équipements ». La SFE dresse par ailleurs un bilan peu optimiste de la situation (Verheyden et Jouventin, 1991) :

– l'éclatement des structures dans divers organismes de recherches, divers ministères, des sociétés privées (bureaux d'étude) et des associations, entraine un saupoudrage et des problèmes de coordination. Elle constate le manque d'organisation, de moyens financiers et en personnel, ainsi que le manque de reconnaissance des pouvoirs publics et des médias ;

– la discipline est l'héritière d'un grand passé naturaliste considéré comme peu sérieux face à la tradition réductionniste des sciences dures. D'où le danger de perdre notre héritage (en systématique par exemple) lors des « purges » et des réductions de postes ;

– c'est une discipline qui se programme à long terme, peu compatible avec les programmations budgétaires.

L'américain Golley (1993) résume la situation en disant que le concept d'écosystème n'a pas été un facteur important d'organisation de la recherche écologique française. Il reprend ainsi le constat fait pas la SFE : « c'est dans la capacité des écologues français à […] éviter l'éparpillement et à faire converger les efforts, que se décidera l'avenir de notre discipline » (Jouventin, 1991).

On doit néanmoins mentionner, en ce qui concerne les eaux continentales, les programmes soutenus par le programme interdisciplinaire de recherche sur l'Environnement du CNRS (PIREN) dans les années 1980, et en particulier les programmes grands fleuves (Seine, Rhône, Garonne, nappe d'Alsace) qui, sous des formes un peu différentes, ont essayé de promouvoir une approche systémique. Certains, à l'image du PIREN-Seine ou de la Zone atelier bassin du Rhône (ZABR), se poursuivent encore aujourd'hui. Toujours dans cette perspective d'approche systémique, le Programme Environnement vie et sociétés (PEVS) développa le concept de zone atelier (Lévêque et Van der Leuuw,

2003) que le CNRS, empêtré dans des querelles byzantines entre départements, ne sut pas exploiter.

De nos jours, alors que l'écologie des écosystèmes est fortement sollicitée en raison des changements globaux et des projets de restauration, ces différentes questions sont plus que jamais d'actualité ! Et l'écologie scientifique qui se révèle de plus en plus incapable de répondre correctement aux attentes de la société, par manque d'organisation, perd chaque jour de sa crédibilité. S'il y a une constante dans la politique de recherche nationale, c'est bien l'inertie et le conservationnisme qui dominent ! La faute réside à la fois dans l'incapacité des organismes de recherche à mettre en place cette recherche multidisciplinaire et dans les comportements individualistes de trop nombreux chercheurs en écologie, encouragés en cela par une politique de publications devenue schizophrénique...

Les relations incestueuses
de l'écologie scientifique

En somme l'écologie se trouve pilotée par l'amont par des représentations philosophiques et théoriques qui colorent les motivations scientifiques elles-mêmes, mais aussi pilotée vers l'aval, c'est-à-dire par une demande économique et politique qui parfois n'hésite pas à instrumentaliser les hypothèses scientifiques du moment à des fins idéologiques. C'est cette tension entre l'écologie comme science fondamentale, et l'écologie comme science finalisée qui dynamise, mais aussi qui hante la discipline.

Gunnell, 2009

Imaginer que la science écologique est neutre et rationnelle relève de l'illusion. Comme les autres citoyens, les écologues sont imprégnés des idées dominantes de leur temps et de leur culture. Il n'est donc pas surprenant que l'on retrouve dans les paradigmes scientifiques certains modes de pensée, ainsi que des options philosophiques ou économiques, qui ont pu imprégner la société à diverses époques. C'est ce que Michel Serres appelle les inter(ré)férences. Mais, inversement, en produisant des regards scientifiques sur la nature, les écologues ont contribué à leur tour à forger la représentation sociale de la nature.

Pour le citoyen, l'écologie se résume souvent à la défense de la nature ou à un style de vie. L'écologie, ce sont les Verts, les anti-nucléaires, les anti-OGM, les anti-pesticides, etc., en d'autres termes, tous les empêcheurs de consommer en rond. Le citoyen qui connaît mal l'écologie scientifique croit, de bonne foi, que les discours militants sont cautionnés par la science écologique, ce qui suscite pour le moins une certaine confusion. De fait, l'écologie scientifique se trouve actuellement prise en otage par deux grands courants militants :

– les mouvements de conservation de la nature (ONG, associations, etc.) qui cherchent à protéger la nature des exactions de l'homme. Ces mouvements défendent des points de vue militants et orientés, teintés parfois d'idéologies ;

– l'écologie politique qui revendique, pour les hommes, une vie plus compatible avec les cycles naturels, en réaction à une société industrielle considérée comme stressante et prédatrice.

L'écologie scientifique se trouve ainsi exposée à divers mouvements idéologiques, philosophiques ou politiques, porteurs de certaines représentations de la nature et des rapports de l'homme à la nature, et elle a souvent du mal à s'en démarquer.

La science écologique est-elle sous influence ?

Dans la genèse des théories scientifiques, il existe de fortes interactions avec les valeurs éthiques, philosophiques ou culturelles qui imprègnent la société. Cependant, si les théories scientifiques ne sont pas élaborées sur des bases purement cognitives, une trop grande confusion des genres n'est pas toujours souhaitable. Or, on a souvent du mal à distinguer dans les discours médiatiques, ce qui relève de l'écologie scientifique ou des prises de position éthiques ou morales.

Le paradigme de la lutte pour l'existence (*struggle for life*) qui est issu d'une analyse malthusienne de la société capitaliste, est un bel exemple d'une théorie issue des sciences sociales qui a ensuite été transposée au monde animal. La compétition et la lutte pour l'accès aux ressources sont en effet devenues des paradigmes fondateurs de l'écologie naissante. Et, comme le note Deléage (1991), « plus d'un siècle durant le paradigme malthusien restera le modèle indépassable de toutes les études de démographie animale ». Inversement et de manière insidieuse, le darwinisme, en affirmant que la compétition est une propriété inhérente à la nature, a contribué à renforcer l'idéologie libérale dont l'éthique sociale est basée sur la compétition. De là est né le darwinisme social...

L'omniprésence du dogme de la compétition a marginalisé les idées de mutualisme. Pourtant, au début du XXe siècle, un primatologue japonais influent, Imanishi, a soutenu une théorie évolutionniste basée non pas sur la compétition mais sur l'entraide, marquant ainsi nettement son opposition aux idées darwinistes (Thuillier, 1986). Il considère que, dans la nature, les êtres coopèrent et s'approprient collectivement les territoires en pratiquant le mutualisme plutôt que la compétition. Ces idées ne sont pas dénuées de bons sens puisque l'on a montré, par exemple, le rôle des pollinisateurs dans le maintien des communautés végétales. On a mis en évidence également le rôle de la rhizosphère et des mycorhizes : les végétaux qui en sont pourvus ont une meilleure croissance que ceux qui n'en possèdent pas. En pratique, les mécanismes coopératifs et compétitifs coexistent dans la nature, mais leur importance relative peut varier dans le temps et dans l'espace.

Un autre domaine de confusion réside dans les rapports entre la science et l'éthique. Alors que l'écologie essaie de comprendre comment fonctionne la nature, l'éthique de l'environnement pose la question : en quoi sommes-nous concernés par cette nature (Rozzi, 1999) ? Plusieurs auteurs, à la suite de B. Callicott, ont développé une éthique de l'environnement qui considère le monde vivant comme un « tout » qui doit être respecté en tant que tel. Les espèces et les milieux naturels ont une valeur intrinsèque. Toutes les espèces ont le droit inhérent d'exister, la culture humaine doit se construire dans un profond respect de la nature, nous devons tout mettre en œuvre pour transmettre cet héritage à nos descendants, etc. Cette déclaration générale et généreuse, est devenue le *credo* des mouvements conservationnistes (*Global Biodiversity Strategy*).

Ces derniers ignorent cependant un petit détail : que faire des nombreuses espèces qui nous dérangent, tels les ravageurs des cultures, les vecteurs de maladies, etc. ? Doit-on, au nom de l'éthique, renoncer à lutter contre les moustiques parce qu'ils ont droit à la vie, en prenant prétexte que leur disparition perturbe le fonctionnement des écosystèmes ? Chacun appréciera une telle attitude, notamment les populations exposées au paludisme. En outre, cette démarche contribue à renforcer l'idéologie d'un équilibre de la nature, dans lequel toutes les espèces ont leur place et sont toutes indispensables. Or certains écologues sortent souvent de leur rôle, en utilisant presque exclusivement les motivations éthiques comme argument de vente de leurs recherches.

Il n'y a pas, en écologie, de cloisons étanches entre une supposée « objectivité ou rationalité scientifique » et une « moralité subjective ». Ce qui soulève un véritable problème de déontologie. Dans quelle mesure des individus engagés, participant à la promotion d'idées voire d'idéologies, peuvent-ils mener une recherche distanciée en écologie ? À l'heure actuelle, par exemple, beaucoup d'écologues tiennent sans discernements le même langage que les ONG de protection de la nature en ce qui concerne la biodiversité. Un mélange des genres fâcheux pour la science... Et, dans certains pays où la pensée religieuse a un poids social important, les écologues peuvent-ils réellement s'affranchir des idéologies dominantes ?

Le créationnisme latent

Les scientifiques sont réticents à analyser leurs références philosophiques et le rôle qu'elles ont pu avoir dans l'élaboration de leurs paradigmes. Pourtant, l'écologie est fortement menacée d'instrumentalisation par des mouvements idéologiques à l'exemple du créationnisme.

Il n'y a pas si longtemps, on croyait que le monde avait été créé par Dieu. Ainsi, Linné (1707-1778), le père de la taxinomie binomiale, cherchait à inventorier l'œuvre de Dieu.

Depuis, il y a eu Darwin et la théorie de l'évolution. Mais le créationnisme, cette idéologie qui privilégie l'intervention divine dans la création du monde, reste vivace (Grimoult, 2008). En 2007 par exemple, l'*Atlas de la Création* du turc Harun Yahya fut largement distribué. Une fois de plus, l'auteur y développait l'idée que l'évolution des espèces n'existait pas. Une idée qui est assez largement répandue si l'on en croit des sondages (qui laissent perplexes…) réalisés en 2004 dans les universités d'Amérique du Nord : 35 % des interviewés pensent que l'homme s'est développé sur des millions d'années à partir de formes de vie moins avancées mais que Dieu a guidé le processus, 45 % affirment que Dieu a créé l'homme il y a moins de 10 000 ans à peu près tel qu'il est maintenant, et seulement 13 % pensent que l'homme est apparu sans intervention de Dieu (sondage Gallup : *Almost half of Americans believe God created humans 10,000 years ago*). L'un des objectifs des créationnistes est de faire admettre que la théorie darwinienne de l'évolution n'est qu'une hypothèse non vérifiée et que leur conception théologique de l'origine du monde doit être enseignée dans les écoles au même titre que la théorie de l'évolution.

Dans un tel contexte, on est donc en droit de s'interroger sur le rôle qu'a pu jouer la pensée religieuse dans l'évolution des idées en écologie. Certes, beaucoup de scientifiques se récusent d'être créationnistes. Et il n'y a pas non plus de scientifiques créationnistes affichés en tant que tels. Mais il n'en reste pas moins que certains concepts écologiques sont ambigus et font écho à une vision normative et statique d'un monde qui se reproduit à l'identique au fil du temps. Ainsi, il n'est guère surprenant que la biologie des invasions, avec son discours alarmiste, soit justement devenue une branche majeure des recherches écologiques aux États-Unis. Et ce n'est peut-être pas par hasard qu'Elton, dans son ouvrage fondateur sur la biologie des invasions, cite la Bible en stigmatisant les introductions d'espèces qui viennent perturber l'ordre de la nature (Lévêque, 2011).

Mais on peut également s'interroger sur l'influence de la pensée religieuse dans la démarche des ONG de protection de la nature. Quand on sait que la plupart des grandes ONG environnementales ont leur siège aux États-Unis (Aubertin, 2005) et que c'est aux États-Unis que l'on rencontre le plus d'adeptes de la « deep ecology », on se doit d'être vigilants sur la nature du discours qui est ainsi produit par ces ONG et, malheureusement, souvent repris tel quel par les écologues.

L'écologie politique, l'utopie d'un monde vert

L'écologie politique est née du constat que les ressources naturelles sont limitées (club de Rome, 1970) et de l'inquiétude suscitée par les travaux scientifiques faisant état des déséquilibres écologiques engendrés par les pollutions industrielles (destruction de la couche d'ozone, effet de serre, réchauffement du climat). Elle s'est construite autour de la critique de la société industrielle en proposant un projet global de société, opposable aux deux grandes idéologies de l'ère industrielle : le libéralisme et le socialisme (Van Parijs, 1985). L'écologie politique est issue, pour partie, de la transformation de certains mouvements associatifs prônant la protection de la nature, en partis politiques revendiquant un projet de société qui tienne compte des enjeux écologiques dans l'action politique et dans les pratiques sociales.

Il y a donc en toile de fond une remise en cause du progrès technique et des valeurs sur lesquelles repose notre culture occidentale. Sans être franchement anthropocentrique, l'écologie politique donne une place importante à l'homme et à son bien être, en respectant toutefois les milieux naturels. C'est ce qui la démarque en partie des mouvements conservationnistes.

Appliquée à l'homme, l'écologie devient l'étude du rapport de l'humanité à son environnement : « L'écologie humaine, c'est l'analyse de l'interaction complexe entre l'environnement (milieu de vie de l'humanité) et le fonctionnement économique, social et ajoutons politique des communautés humaines » (Lipietz, 2000). Dans ce contexte, l'écologie devient plutôt une science de l'environnement.

Quel rôle joue l'écologie scientifique dans ce contexte ? Elle sert avant tout de caution scientifique, dans la mesure où ce sont les écologues qui font le constat de la dégradation de la planète, thème qui est la raison d'être de l'écologie politique. Les écologues sont donc avant tout des pourvoyeurs d'informations, mais celles-ci sont filtrées au tamis des idées défendues par l'écologie politique. On est par principe contre le nucléaire, contre les OGM, contre les pesticides, etc. C'est-à-dire que l'on ne retient du discours scientifique que ce qui va dans le sens des idées fondatrices du mouvement ! « L'écologie en tant que discipline scientifique, n'est pas plus politique que le marxisme ne fut scientifique. L'analyse des faits par la méthode scientifique, où rigueur, modestie, prudence sont de mise, ne se transpose pas dans l'ordre des valeurs et de l'action, l'ordre de la politique. Le discours des écologistes (NB politiques) a souvent l'apparence d'un raisonnement scientifique qui serait empiriquement fondé. Par essence ce changement d'ordre, le passage du scientifique au politique, est une usurpation » (de Kervasdoué, 2007).

Nouvel élément de confusion, un scientifique adepte de l'écologie politique (et ce n'est pas rare...) a-t-il toujours le recul nécessaire pour poser les bonnes questions en écologie scientifique ?

Les mouvements conservationnistes : nature, en avant toute...

Au risque d'être un peu caricatural, les mouvements de conservation de la nature développent une vision écocentrique du monde. Leur préoccupation principale, que ce soit pour des raisons éthiques ou philosophiques, est de protéger la nature des méfaits de l'homme. Ils prônent une rupture avec l'anthropocentrisme occidental et nous incitent à accorder une valeur *intrinsèque* à la nature, c'est-à-dire une valeur indépendante de l'utilité immédiate qu'elle peut représenter pour nous. Cette approche a ses extrémistes, la « deep ecology » pour qui il faut protéger la nature contre tout ce qui pourrait constituer un danger à son égard…

Les mouvements conservationnistes sont également des utilisateurs des résultats de la recherche écologique. Beaucoup associent des scientifiques à leurs travaux et certains membres ont même une large culture écologique. Mais ces « syndicats de la nature » ont également des opinions bien arrêtées dont certaines cadrent mal avec la réflexion scientifique. Certains mouvements n'hésitent pas à instrumentaliser les hypothèses scientifiques comme nous le verrons.

Certaines ONG prennent même des positions assez extrêmes. Que penser par exemple des propos échangés sur le site « planète attitude, la communauté du WWF en France », par Michel Tarrier, qui n'hésite pas à dire qu'« il faut réhabiliter Malthus »[3]. Il écrit en outre : « Mettre un terme au fléau démographique humain pour alléger la pression anthropique qui s'exerce sans commune mesure sur les ressources et redonner leur place aux autres espèces est une solution à adopter dans la plus grande urgence » (extrait du livre de M. Tarrier et D. Tarrier, *Faire des enfants tue*, 2008). M. Tarrier ne fait que suivre en cela d'illustres prédécesseurs tels que Paul R. Ehrlich et sa bombe P (P pour population) et notre célèbre commandant Cousteau, idole de certains « écologistes », qui ne mâchait pas ses mots dans une interview à un hebdomadaire en 1991 : « La surpopulation c'est la pollution primaire,

---

3. http://alerte-environnement.fr/?p=1150

cause profonde de toutes les exactions commises à l'encontre de la nature ».

Nous verrons plus loin également que le discours politiquement correct sur la biodiversité porté par les mouvements conservationnistes, occulte délibérément des évidences scientifiques et de terrain. Au nom de la « bonne cause », toute vérité n'est pas bonne à dire !

Écologie et économie : les sœurs siamoises ?

Linné parlait déjà « d'économie de la nature ». C'est toujours par référence à l'économie que le biologiste allemand Ernst Haeckel invente le mot écologie en 1866. L'écologie est le corps du savoir concernant l'économie de la nature, c'est-à-dire de toutes les relations de l'animal à son environnement.

Dans les années 1930, les notions de producteurs, de consommateurs, de décomposeurs proposées par Thieneman en 1926 seront reprises par Elton, le fondateur de l'écologie animale, qui déclarait travailler sur « la sociologie et l'économie des animaux ». Puis, dans les années 1940, avec le travail de Lindeman et celui de Hutchinson, les concepts économiques de rendement, productivité, stock, flux, turnover, etc., font leur entrée dans le champ de l'écologie théorique, ouvrant ainsi des perspectives de recherches pour l'approche éco-énergétique des écosystèmes. La « nouvelle écologie » va se montrer friande de calculs de bilans, de productivité (accumulation de biomasse), de rendements énergétiques. L'écosystème est une machine à produire de la matière vivante : elle dispose pour cela de l'énergie solaire. Celle-ci va se transformer le long de la chaîne trophique : à chaque niveau trophique, une partie sera transmise sous forme biochimique, une autre sera dissipée sous forme de chaleur ou de déchets. L'énergie est la monnaie d'échange utilisée par la nature, de même que l'argent pour l'économie humaine. Ces notions ont donné naissance au Programme biologique international, le PBI. Avec une seule unité de mesure, la calorie, on peut donc décrire le fonctionnement énergétique de l'écosystème.

Le nouveau gadget à la mode de nos jours, celui des services écosystémiques, franchit un nouveau pas. Ses promoteurs prétendent que l'évaluation monétaire des services rendus par les écosystèmes va éclaircir le débat sur la préservation de la biodiversité. On peut avoir une autre interprétation : il s'agit aussi d'une OPA d'économistes soucieux d'étendre leur hégémonie sur la gestion des milieux naturels.

Il faut dire que les écologues ont joué avec le feu. Impuissants à se faire entendre des politiques et des gestionnaires en matière de protection de la nature, sur la base de leurs seuls arguments scientifiques, ils ont imaginé les convaincre en leur faisant miroiter les profits qu'ils pourraient en tirer. Ils ont donc fait appel aux économistes pour essayer de donner un prix à la nature. De là sont issues ces notions de biens et de services rendus par les écosystèmes qui ont été popularisés avec la publication culte de Constanza *et al.* (1997).

Il est vrai que la notion de services rendus par les écosystèmes peut avoir une portée heuristique et pédagogique. Ainsi, Laurent Mermet en 1995 avait déjà comparé les zones humides à des infrastructures naturelles (stations d'épuration) pour montrer l'intérêt de leur préservation dans la cadre du plan « zones humides ». Mais il y avait ici une démarche de type analogique dans un objectif essentiellement pédagogique.

La question des services écosystémiques pose en réalité un problème à la fois de bon sens et de déontologie. En effet, si la nature est pourvoyeuse de bienfaits, elle l'est aussi de préjudices et de nombreuses nuisances ! Pourquoi feindre d'ignorer que l'homme a dû, et doit encore, lutter contre la nature : ravageurs des cultures, vecteurs de maladies, maladies elles-mêmes, nuisances diverses y compris les prédateurs, les risques naturels, etc. Or, la plupart des travaux sur les services écosystémiques ne considèrent que les aspects « positifs » de la biodiversité et du fonctionnement des écosystèmes, en ignorant de manière délibérée les aspects « négatifs ». Cette démarche, malhonnête intellectuellement, relève d'une vision idéologique portée par certaines ONG environnementales, selon laquelle la nature, par essence bienveillante, est mise en danger par l'homme. Ainsi, dans l'évaluation des zones humides, ces ONG refusent de prendre en compte le fait que ce sont également des émetteurs de méthane, un puissant gaz à effet de serre, et que ce sont les principaux réacteurs de maladies parasitaires, notamment en milieu tropical. De même un fleuve fournit sans aucun doute de nombreux services, mais c'est aussi un objet de crainte (fondée…) en raison des inondations.

Ce qui est grave en réalité, c'est que ces « préjudices » sont sciemment écartés des évaluations ainsi que j'ai pu le constater à diverses reprises. Pour protéger les oiseaux migrateurs, il faut protéger les zones humides africaines. Mais qu'en est-il de la santé des paysans du Sahel. Car en toute logique, un programme de conservation des zones humides en zone tropicale devrait être associé à un programme de santé publique. Mais cela coûterait probablement trop cher ?

Cette instrumentalisation de l'économie ne devrait tromper que les individus crédules. Malheureusement, la mythologie selon laquelle on pourrait sauver la planète grâce aux évaluations économiques a pris le pas sur la raison ! Certains scientifiques y ont trouvé un intérêt et un *lobby* s'est ainsi constitué qui poursuit cette forme de délire intellectuel selon lequel on peut gérer le monde sur les bases de la rationalité économique. Ce serait un scoop ! On peut au passage s'interroger également sur les méthodes d'évaluation économique de ces fameux services. Toutes sont fortement biaisées et sujettes à polémiques…

Pourquoi tant d'intérêt alors pour cette démarche ? Peut-être que devant les difficultés pour agir concrètement sur le terrain, le miroir aux alouettes des services écosystémiques est un moyen de reculer l'échéance en promettant que ces nouvelles théories, qu'il convient bien entendu d'approfondir par des recherches dédiées (c'est la raison d'être du lobbying...), devraient nous permettre de résoudre les difficultés. On flirte ici avec la recherche alibi : laisser croire que l'on agit pour gagner du temps !

Apocalypse now : l'écologie sous la bannière de la dramatisation

*L'écologie du désastre est d'abord un désastre pour l'écologie :
elle use d'une rhétorique si outrancière qu'elle décourage
les meilleures volontés. Elle veut tellement nous éviter
la ruine qu'elle nous y précipitera si on place, comme elle nous
le recommande, la planète sous cellophane à la manière
d'une sculpture de Christo.*

Bruckner, 2011

La Terre est foutue, l'Homme en est responsable

Avant même la conférence de Rio en 1992, le ton était donné : l'homme perturbe l'harmonie millénaire de la nature, détruisant les espèces et les écosystèmes. Depuis les années 1970, on assiste en effet à la montée en puissance d'un discours dramatisant sur l'état de la Terre, largement relayé par les médias. Pour faire court, la terre est menacée, nos ressources s'épuisent rapidement, la croissance démographique nous mène à une impasse, les pollutions ont des conséquences catastrophiques, les espèces végétales et animales sont décimées, le climat se modifie de notre fait et l'humanité va en payer le prix… C'est ce que Gunnel (2009) appelle, avec humour, la « Litanie ». Le message subliminal est simple : les conséquences des activités humaines sur la nature seront irréversibles si on ne fait rien rapidement. Le point d'orgue est que les activités humaines sont responsables d'une 6e extinction de masse. Pour faire bonne mesure, certains ajoutent même que la disparition de la biodiversité met en jeu la survie de l'homme sur la Terre… Ce message très caricatural est en grande partie porté par de grandes ONG de conservation de la nature, mais nombre de scientifiques se le sont approprié sans beaucoup d'esprit critique, y trouvant une opportunité pour sortir de l'anonymat médiatique.

La dramatisation est ainsi devenue une seconde nature quand on parle d'environnement et d'écologie. Il est même politiquement correct de noircir la situation, car cette attitude est fort appréciée sur le plan médiatique. Dire que, somme toute, la situation est plus nuancée, risque de décevoir votre auditoire. L'un des pères de la biodiversité, l'entomologiste Edward Wilson, disait d'ailleurs en 2000, lors d'une interview au journal *La Recherche* : « Il faut dramatiser ces questions [...] Dramatiser n'exige aucune exagération [...] Ce n'est pas exagérer que de dire que la crise actuelle de la biodiversité a des proportions apocalyptiques ». Dont acte ! La dramatisation est ainsi présentée comme un moyen d'attirer l'attention sur une question qui, sans cela, resterait dans la marginalité.

Heuristique de la peur

Le philosophe allemand Hans Jonas a développé le principe de l'heuristique de la peur dans son ouvrage *Le Principe de responsabilité* (1979). Pendant longtemps, l'homme a pu penser que ses interventions sur la nature étaient superficielles et sans danger, et que la nature avait les capacités de rétablir ses équilibres fondamentaux. Mais la puissance technologique moderne pourrait avoir des effets irréversibles sur la nature. Sur ce fond de catastrophe envisageable, Jonas développe son concept de responsabilité. À partir du moment où l'homme a la puissance matérielle de détruire l'humanité (ou les conditions de vie d'une humanité future), il a, en même temps, de nouvelles obligations. Il ne s'agit pas seulement de rendre des comptes sur les actions passées. Nous sommes responsables du monde que nous laisserons après nous et donc du futur !

C'est ici qu'apparaît l'idée originale de Jonas : notre peur du danger va nous faire prendre conscience de la valeur de ce qui est menacé. Selon cette logique, nous devons nous faire peur avec des scénarios inquiétants quant aux futurs possibles. La peur est ainsi devenue une valeur ! Autrefois la religion faisait peser la menace de l'enfer. Aujourd'hui c'est une autre forme d'apocalypse qui nous est promise. L'heuristique de la peur reprend la vieille idée selon laquelle la peur est le commencement de la sagesse.

On doit au philosophe P. Bruckner (2011) ce commentaire : « Seule force originale du demi siècle écoulé, l'écologie […] a réveillé notre sensibilité à la nature, souligné les effets du dérèglement climatique, constaté l'épuisement des ressources fossiles. À partir de ce credo collectif s'est greffée toute une scénographie de l'apocalypse, déjà expérimentée avec le communisme, et qui emprunte à la Gnose autant qu'aux messianismes médiévaux. Dans le kit de base de la critique verte, le cataclysme est requis et les prophètes de la décomposition pullulent. Ils utilisent sans mesure le tambour bruyant de la panique, nous somment d'expier sans tarder. Cette peur du futur, de la science, de la technique, traduit ce moment où l'humanité, surtout occidentale, se prend en grippe. »

Danse du scalp autour de la biodiversité : la sixième extinction

Le terme biodiversité est souvent utilisé de manière globale pour désigner l'ensemble du monde vivant. Mais rassembler sous un même vocable et traiter de la même manière les virus et les mammifères pose problème quand il s'agit de discuter de la dynamique du monde vivant. Pourtant, on parle couramment d'érosion ou d'enrichissement de « la biodiversité » sans préciser de quel(s) groupe(s) on parle… Or qui peut ignorer que les temps de génération, les capacités d'adaptation et la vulnérabilité des espèces aux impacts anthropiques sont très différents pour un micro-organisme et pour un mammifère. On peut alors s'étonner de ce manque de rigueur et de précision dans de nombreux écrits.

Dans les années 1980, des gourous, que certains collègues citent encore, se sont hasardés à avancer des chiffres chocs pour marquer l'opinion publique. Mais peut être aussi pour se faire de la publicité ? Ainsi Paul Ehrlich, professeur à Stanford, nous prédisait en 1980 la disparition de 250 000 espèces par an, soit la disparition attendue d'environ la moitié de la biodiversité en l'an 2000 (Ehrlich et Ehrlich, 1981). Évidemment nous sommes loin du compte, mais peu d'écologues ont dénoncé, en son temps, ces prévisions fantaisistes. Au contraire, à l'époque, ce fut du pain béni pour les ONG et certains scientifiques qui y trouvaient argument pour se faire de la publicité, dans le but évident d'avoir accès à des crédits de recherche. Et, de nos jours, on évite de dire bien entendu que ces prédictions étaient fausses !

Pourtant, certains continuent contre toute évidence à affirmer que l'on pourrait perdre la moitié des espèces d'ici la fin du siècle. Quelles sont les sources validées scientifiquement qui sous-tendent de tels propos et quels sont les faits objectifs dont on dispose ? En réalité, il existe une forme de consensus parmi les scientifiques pour noircir la situation en faisant fi d'une analyse objective, car ils y trouvent un intérêt. Et gare à ceux qui ne jouent pas le jeu… « Une fois j'ai écrit une demi-page dans *Libération* pour expliquer que les extinctions d'espèces sont certes regrettables, mais qu'il n'y a aucun élément sérieux pour affirmer qu'elles vont aboutir à une catastrophe écologique et à l'extinction de l'espèce humaine. Je peux vous dire que je me suis attiré beaucoup d'ennuis avec mes collègues écologistes » (Gouyon, 2001).

Il ne s'agit pas de nier que pour certains groupes, et en certains endroits, la situation est critique. Mais la pratique de l'amalgame n'est pas une démarche scientifique. Qui sait qu'il n'y a pratiquement aucune espèce marine dont la disparition soit documentée, à l'exception de quelques mammifères et de quelques oiseaux ? Mais, en revanche, de nombreuses espèces endémiques de poissons d'eau douce ont disparu.

Un exemple concret concerne le chiffre d'érosion actuel de la biodiversité qui est cité à tout propos, y compris dans les publications scientifiques. Selon ses promoteurs, ce taux serait, de nos jours, 100 à 1 000 fois supérieur à celui des formes fossiles. Cette estimation aurait pu en rester au stade des « ballons d'essai » destinés à alimenter la réflexion. Mais elle est devenue un véritable dogme, repris par les conservationnistes et la communauté scientifique. Il est vrai que l'article est paru dans une « grande revue » (*Science*), sous la plume d'américains (Pimm *et al.*, 1995). Il est probable que peu d'utilisateurs de ces résultats se sont reportés à la publication originale ! Ils auraient été surpris de constater que les auteurs mélangent allègrement des données sur les oiseaux et les mammifères à des données sur le plancton marin... Ce qui est grave, dans ce cas précis, est l'amalgame qui est fait entre des groupes animaux et végétaux très différents. À l'école primaire, on nous apprenait autrefois une règle élémentaire : on n'additionne pas les tables et les crayons ! Or des oiseaux et des micro-organismes, c'est très différent. Que cette règle soit transgressée allègrement par des scientifiques sans susciter de vives réactions est pour le moins surprenant.

L'Évaluation des écosystèmes pour le millénaire (2005) a repris sans broncher cette évaluation. On y lit même que le taux d'extinction pourrait être de 1 000 à 10 000 fois supérieur au taux d'extinction naturel. Dans cette course à l'inflation, il est probable que la prochaine fois on parlera de 100 000 fois supérieur... Où est la science dans cette escalade médiatique ?

Néanmoins quelques articles récents ont eu le courage (ou l'impudence ?) d'affirmer que les chiffres d'érosion de la biodiversité étaient surestimés et que les méthodes de calcul devaient être revues (He et Hubbell, 2011 ; Rahbek et Colwell, 2011) générant un tollé dans le monde des biens pensants. Dans un article paru dans le *New York Times*, Voosen (2011) rappelle que les prédictions d'extinction réalisées dans les années 1980 ne se sont pas matérialisées, mais que les écologues n'en ont pas tiré de leçon… Il nous apprend par ailleurs que S. Pimm, considérait le titre de la publication de He et Hubbell comme un outrage ! Il est vrai, comme le dit Simberloff (2011), que cet article pourrait être « mal utilisé » par ceux qui ont tendance à minimiser les pertes d'habitats. L'exemple de ce débat illustre bien le fait qu'il est difficile de s'attaquer aux idées reçues… et aux gourous. On pense irrésistiblement à l'expression : au nom de la bonne cause, bouclez là !

Halte aux envahisseurs : quand l'écologie jette l'anathème…

La question des introductions d'espèces soulève bien des passions. Selon les ONG, c'est la seconde cause d'érosion de la biodiversité, sans que l'on apporte des preuves concrètes à l'appui de ces déclarations. Le « dogme », dans le monde de la conservation de la nature, est que toute espèce exogène est une espèce à détruire en raison des menaces qu'elle fait peser sur les espèces indigènes et le fonctionnement des écosystèmes qui les accueillent.

Dans la foulée des ONG, la science officielle, elle aussi, stigmatise les introductions d'espèces. Elle nous dit que ces espèces entrent en compétition avec les espèces autochtones et les éliminent. Discours classique d'une écologie imprégnée de malthusianisme… Mais la science dérape souvent dans les termes du discours. À l'issue d'une conférence internationale sur les invasions, Brown (1989) constatait une sorte de

« xénophobie irrationnelle » face aux plantes et animaux inva-sifs, qui s'apparente à l'intolérance de certains citoyens vis-à-vis de races, de cultures ou de religions étrangères. Le langage militaire est de mise : il faut bouter l'envahisseur, l'éradiquer. Sagoff (1999) rappelle que les biologistes qui luttent contre les espèces invasives leurs attribuent les mêmes qualificatifs que ceux attribués aux immigrants par les xénophobes : fécon-dité incontrôlée, agressivité, comportement prédateur, peu de contrôle parental sur les jeunes, etc.

L'attitude par rapport aux espèces introduites s'expliquerait par le fait qu'elles n'étaient pas là auparavant (ce sont des étran-gères) et qu'elles viennent perturber l'ordre de la nature. Ainsi, des appels à l'éradication d'espèces exotiques ont parfois été entendus comme équivalant à une purification ethnique. La lutte contre les espèces invasives remet ainsi à jour la probléma-tique, sulfureuse, des origines (Claeys et Sirost, 2010). Mettre l'accent sur les espèces invasives, c'est accentuer l'opposition entre ce qui est « de chez nous » et ce qui « vient d'ailleurs », et par conséquent désigner ce qui est la « vraie » biodiversité !

Mais les paradigmes commencent à bouger (Lévêque *et al.*, 2012). Depuis quelques années, des scientifiques ont entrepris de réviser les dogmes. De plus en plus de travaux mettent ainsi en cause la perturbation des écosystèmes aquatiques pour expliquer l'installation d'espèces exotiques (Beisel et Lévêque, 2010). Un modèle qui parait s'imposer n'est plus celui de la compétition directe entre espèces, mais celui de la « chaise vide ». Sous l'effet des modifications du milieu, les espèces natives régressent ; simultanément des espèces exotiques trouveraient dans ces milieux modifiés des conditions favorables à leur établissement. Il y aurait ainsi concomitance d'un effacement des espèces natives et d'un accroissement des naturalisations, mais pas de relation directe de cause à effet ! Les exotiques occuperaient simplement les nouvelles niches créées par les modifications du milieu et laissées vacantes par les espèces natives.

Pour Brown et Sax (2005), la question des espèces invasives est moins préoccupante que ne le laissent entendre beaucoup de publications scientifiques et ils conseillent aux chercheurs de s'appuyer sur des informations validées plutôt que de promouvoir leurs états d'âme... Des critiques beaucoup plus virulentes ont été émises également par Theodoropoulos (2003) et Sagoff (2005). D. Holmgren (2004) affirme même : « Si des scientifiques travaillant en dehors du domaine des invasions biologiques s'intéressaient de près à la littérature, ils seraient surpris par le manque de rigueur scientifique, le manque de rigueur dans les définitions, le raisonnement circulaire et la charge affective des conclusions. »

La revue *Nature* de juin 2011 a publié un véritable manifeste pour une approche moins idéologique de la question des introductions d'espèces (Davis *et al.*, 2011) dans lequel 19 scientifiques affirment que les gestionnaires doivent élaborer leurs politiques de gestion sur la base d'évidences empiriques et non sur des affirmations, non étayées scientifiquement, selon lesquelles les exotiques sont nuisibles.

À titre de contre-exemple par rapport au discours dominant, on peut mentionner les zones riveraines des fleuves qui sont depuis longtemps fréquentées par l'homme. De nombreuses espèces exotiques y ont été introduites du fait des activités de transport ou de loisirs. Dans le Sud-Ouest de la France, près de 1 000 espèces végétales exotiques se sont ainsi établies. Dans les milieux perturbés, on observe 25 % d'exotiques en moyenne, mais seulement 10 % de ces espèces sont fréquentes et 1 à 5 % se révèlent envahissantes (Tabacchi et Tabacchi, 2006). Rien ne permet de démontrer une réduction de la diversité spécifique des communautés autochtones et encore moins d'éviction d'espèce autochtones à l'échelle régionale. Dans le cas précis de l'Adour, dont le corridor fluvial héberge environ 2 000 espèces végétales, il n'y a pas eu de réduction de la diversité végétale au cours des vingt dernières années. Ce bilan optimiste n'est peut-être pas vérifié partout, mais il montre qu'il faut se garder de généralisations hâtives !

On peut regretter tout à la fois de la part des scientifiques, le manque de connaissances quantifiées, l'approche trop souvent sectorielle de la question avec une recherche exclusivement à charge contre les espèces introduites, la généralisation trop hâtive d'observations conjoncturelles et l'amalgame souvent pratiqué entre les divers types d'écosystèmes et les groupes zoologiques impliqués...

On peut également regretter l'utilisation répétée d'exemples discutables, inexacts ou émotionnels, à l'exemple du message récurrent sur la perche du Nil dans le lac Victoria. On ne retient que l'image du prédateur diabolique qui a conduit à l'extinction de nombreuses espèces de petits poissons cichlidés (Beisel et Lévêque, 2010). Mais on ne dit surtout pas que l'eutrophisation du lac Victoria a largement contribué à fragiliser ces mêmes populations de cichlidés. Est-ce réellement de l'ignorance ? Ou de la naïveté ? À qui profitent ces mensonges par omission ? La crédibilité de l'écologie réside dans sa capacité à apporter des résultats de recherche étayés, contrôlés et utilisables par les gestionnaires, et de communiquer ses informations aux membres de la société (Lach *et al.*, 2003). Mais souvent, les écologues oublient ces règles fondamentales.

À qui profite la dramatisation ?

La dramatisation va profiter en premier lieu à ceux qui s'en font les prophètes. Les grands « gourous » nord-américains d'abord, qui ont un accès privilégié aux grandes revues scientifiques comme *Nature* ou *Science*. Le succès médiatique de ces gourous facilite évidemment leur carrière académique. La moindre idée, même la plus banale, est alors accueillie avec beaucoup de déférence. Ce constat peut être fait de manière plus générale pour certains écologues : l'accès aux médias donne une apparence de légitimité et ouvre la porte aux organes de décision de la recherche et surtout aux financements.

En France, nous avons aussi quelques chantres de l'apocalypse. Le feu commandant Cousteau, homme d'affaire avisé, avait senti l'intérêt de surfer sur cette vague. Il se présentait comme un écologiste... profitant de l'ambigüité du terme et de la notoriété de ses films où il pérorait doctement sur l'avenir de la mer. Un de ses sbires, Yves Paccalet, qui se présente comme un philosophe, un écrivain et un écologiste, a lui aussi commis un livre (*L'Humanité disparaitra, bon débarras !*) où il exprime son dégoût total de l'humanité, en raison des dégâts qu'elle cause à l'environnement. L'humanité y est décrite comme une « tumeur », « L'homme est le cancer de la terre ». Probablement de l'humour noir, puisque cet essai a obtenu le Prix 2006 du pamphlet.

La dramatisation profite aussi, à n'en pas douter, aux associations et aux ONG de protection de la nature. Vaste nébuleuse avec des grosses ONG qui fonctionnent comme des multinationales et de petites associations portées par l'enthousiasme de leurs militants. La plupart des grandes ONG environnementales sont d'origine anglo-saxonne. Est-ce un hasard ? Beaucoup sont porteuses de l'idéologie dominante qui veut qu'une belle nature, c'est une nature sans l'homme. Certaines prennent des positions qui ne sont pas très éloignées de l'idéologie créationniste... Toujours est-il que ce sont en réalité les ONG qui mènent les débats sur la protection de la nature, sur la biodiversité, sur les espèces envahissantes. Elles associent des scientifiques à leurs travaux, ce qui leur donne une caution, mais par ailleurs font progresser leurs objectifs en marginalisant les informations qui pourraient aller à l'encontre des idées qu'elles défendent.

Le syndrome du pompier pyromane

Osons une provocation : en dramatisant les conséquences écologiques et économiques des activités humaines, n'attise-t-on pas le feu afin de pouvoir s'ériger ensuite en « pompier de l'environnement » ? À force d'entendre que ça va mal, de nombreux citoyens se tournent vers les lanceurs d'alerte pour leur demander : alors, que fait-on ? Ces derniers n'hésitent alors pas à proposer leurs services, pour résoudre la question. À ceci près qu'ils ne sont pas toujours en situation d'apporter les bonnes réponses.

En effet, ce n'est pas un inventaire de plus qui va répondre à la question de l'érosion de la biodiversité. Il apportera sans aucun doute son lot de connaissances nouvelles, et c'est en soit une saine justification à sa réalisation, mais les causes de la surexploitation des ressources, de la transformation des habitats, des nombreuses pollutions, sont bien ailleurs. Elles résident dans les comportements sociaux, les choix en matière de développement, les systèmes économiques qui privilégient le profit à court terme et qui suscitent le braconnage. Évidemment, c'est un peu plus complexe de remettre en question notre système de valeurs dites libérales que de financer une étude pour améliorer nos connaissances sur le fonctionnement d'un écosystème ! Mais pour se maintenir sous le feu des projecteurs médiatiques, les écologues ont intérêt à laisser croire qu'ils disposent des solutions.

Le mythe récurrent
du jardin d'Eden

L'écologie est un domaine polarisé par les débats métaphysiques qui colorent inlassablement le discours sur la nature. En simplifiant à peine, l'aire de jeu de l'écologie se situe entre un enfer et une utopie : d'un côté, Trantor, monde d'Isaac Asimov, dans son roman de science-fiction Fondation, *décrit comme une planète capitale, cité unique à perte de vue, peuplée de quelque quarante milliards d'individus ; de l'autre, le jardin d'Eden.*

Gunnell, 2009

L'idée selon laquelle il existerait une nature idéale, en l'absence de perturbations dues à l'homme, est fortement ancrée dans les esprits. Elle prend ses racines dans le mythe fondateur de la création du monde et reste vivace dans le public, et même chez certains scientifiques. Elle est entretenue par le discours dramatisant sur l'environnement dans lequel l'homme est mis en accusation. L'écologie scientifique s'est longtemps appuyée sur l'idée qu'il existe un état idéal de la nature.

Les systèmes naturels, c'est quoi ?

L'écologie a pour objet l'étude scientifique des milieux naturels. Ce terme est encore utilisé couramment pour parler des écosystèmes. Mais de quelle nature parlons-nous ? Car le terme « nature » prête à exégèse. C'est « ce qui, dans le monde physique, n'a pas été transformé par l'être humain » (Encyclopédie l'Internaute), ou encore, « ce qui a été laissé dans son état originel, n'a pas été modifié » (Académie française, 1986). En bref, la nature serait donc ce qui existe indépendamment de l'homme et de ses activités. Lorsqu'on évoque le *wilderness* (un terme intraduisible en français) dans les sociétés anglo-saxonnes, c'est l'image d'une nature sauvage et inviolée qui vient à l'esprit.

Mais la distinction entre naturel et artificiel est loin d'être claire dans les esprits. Si beaucoup d'Européens rêvent d'une nature vierge de toute présence humaine, ils appellent aussi nature des milieux entièrement créés par l'homme… « Ce que nous appelons "nature" dans les sociétés occidentales est en réalité un environnement plus ou moins artificiel, combinaison d'éléments hérités du passé et façonnés par des siècles de pratiques, visant à rendre cet environnement plus productif ou moins dangereux pour l'homme. Ces systèmes fortement artificialisés et manipulés par l'homme n'ont plus qu'une lointaine ressemblance avec les "écosystèmes" des écologistes. Ce sont des "anthroposystèmes" dont la dynamique est gouvernée par les usages qu'en font les sociétés, usages parfois contradictoires et qui évoluent dans le temps. Car la nature a longtemps été perçue comme un réservoir de biens et de services inépuisables pour les sociétés humaines. » (Lévêque et Van der Leeuw, 2004).

Ainsi, en Europe, la plupart des terres ont été complètement modifiées par l'homme depuis des millénaires. Beaucoup de nos zones humides emblématiques françaises sont en réalité des créations artificielles. À commencer par la Camargue, érigée en parc naturel régional, ainsi que le marais poitevin, les Dombes, la Sologne, etc. Nos forêts sont, pour l'essentiel, des plantations de chêne (forêt de Tronçais), de pin (forêt des Landes) ou de sapins. Sans parler du milieu rural et de ses bocages… Pratiquement tous nos milieux dits naturels sont en réalité des milieux anthropisés et certains le sont même fortement. Bref, la nature en Europe est loin d'être « vierge » !

Bruckner d'ajouter : « Notre passion toute urbaine des terroirs se fait sous l'angle de la mélancolie : la nature c'est ce qui est par essence perdu. Mais ces bergeries, ces bocages, ces champs dont nous chantons la douceur sont eux-mêmes façonnés de la main d'homme. Nous projetons sur l'autrefois une pureté qui n'a jamais existé ; il n'y a jamais eu de premier matin du monde, l'artifice commence dès le Neandertal quand les premiers cultivateurs ou nomades, pour survivre, mettent le milieu en coupe réglée » (Bruckner, 2011, p. 140).

La vision statique et conservative d'un écosystème d'où l'homme est exclu a fait long feu car elle n'est plus réaliste. Pour Moscovici (1999), la nature et l'homme travaillent ensemble à forger leur histoire, parce que l'homme est à la fois sujet et créateur de la nature.

En d'autres termes, d'une nature de type sauvage et inviolée qui était présente avant l'émergence de l'homme, nous sommes passés progressivement à une nature co-construite où l'homme est un acteur parmi d'autres même si, nous devons le reconnaître, sa présence devient parfois pesante ! Cette nature est évidemment bien différente de celle qui existait du temps des dinosaures. Mais c'est dans l'ordre des choses !

Le jardin d'Eden

On ne peut comprendre certaines dérives de l'écologie sans faire référence au jardin d'Eden qui serait le mythe fondateur de la notion de Nature en Occident. De nombreux concepts de l'écologie trouvent en effet leurs racines dans le principe de l'équilibre de la nature (*balance of nature* des anglo-saxons). Dans ce contexte, le monde naturel est nécessairement unique et harmonieux.

Un bref retour en arrière nous fait penser que l'on est passé insensiblement de la nature créée par Dieu à une nature païenne, mais sacralisée. Si les scientifiques ne disent plus ouvertement que la nature est l'œuvre de Dieu, on lui attribue néanmoins des qualités et des valeurs innées. La logique qui en découle et que l'on retrouve de manière récurrente dans beaucoup de discours alarmistes, c'est que l'homme a saccagé cette nature idéale en l'exploitant. Cette représentation d'un monde naturel qui serait « bien » ou « bon » est largement liée au mythe du jardin d'Eden. Elle est encore très vivace au niveau mondial, sachant que dans de nombreux pays une majorité de gens pensent encore que Dieu a créé le monde.

L'« harmonie de la nature » n'est rien moins qu'une construction intellectuelle et idéologique. Contre vents et marées, nous continuons à penser que la nature est belle et harmonieuse. C'est un véritable déni de réalité car, dans la nature, on meurt et on se bat. La nature est violente. La fameuse relation de Lotka-Volterra en est une magnifique illustration : on tue et on mange sans discernement jusqu'à la disparition quasi complète de la proie. Les nombreux films documentaires animaliers qui passent à la télévision nous montrent aussi que les grands prédateurs sont d'impitoyables sanguinaires. Sait-on que de nombreux poissons carnivores sont également cannibales et dévorent indifféremment leurs jeunes et les autres espèces ? Bref, le monde de la nature, c'est un univers impitoyable. Mais on y trouve aussi de la coopération entre espèces. Rien n'est simple ! Comme le disait Thomas Huxley, « la nature n'est ni morale ni immorale, la nature est amorale ».

Le climax, concept « ébréché »

La vieille notion de climax s'inscrit dans cette quête d'une nature idéale. Élaborée en 1916, par le botaniste américain Clements, elle postule que les écosystèmes non perturbés par l'homme tendraient vers un état d'équilibre, le climax, stade ultime et supposé idéal de leur évolution, dans lequel les ressources du milieu sont utilisées de manière optimale par les peuplements en place. Clements pensait, comme le rapporte Worster (1992), que « le cours de la nature ne vagabonde pas de-ci de-là sans but précis, mais se dirige fermement vers un état de stabilité qui peut être déterminé avec précision par la science ». Toujours cette idée de l'équilibre de la nature.

Si beaucoup s'accordent à penser que la notion de climax n'est plus légitime scientifiquement, elle continue néanmoins à être évoquée régulièrement, y compris dans les manuels d'écologie ! La biologie de la conservation puise en partie sa légitimité scientifique dans la notion de climax : laissons la nature agir et elle aboutira inéluctablement à un équilibre harmonieux où chaque espèce aura trouvé sa place. Gunnell (2009, p. 111) qualifie le climax de « concept ébréché ». Il ajoute que « la tendance à transformer la nature en musée […], provient en grande partie de notre capacité insuffisante à évaluer correctement les temporalités des phénomènes naturels. Sans réflexion sur la temporalité et sans outils pour l'évaluer, l'écologie reste complice d'une vision qui structure notre compréhension de la nature autour du concept d'équilibre, ce dernier n'étant peut-être pas le concept le plus performant pour mener des actions de préservation, de conservation ou de restauration ».

Stabilité/résilience : le déni de réalité

Équilibre, stabilité, résilience des écosystèmes, sont des termes fréquemment utilisés dans le langage écologique, qui laissent imaginer une certaine pérennité dans le temps (Foulquier, 2011). Or ces idées vont à l'encontre des résultats de l'écologie rétrospective et des observations sur les trajectoires temporelles des écosystèmes.

La stabilité est un paradigme largement utilisé en écologie qui n'a jamais été défini de manière satisfaisante. Des centaines de publications ont essayé d'aborder la question, sans réel succès (Peters, 1991 ; Grimm et Wissel, 1997). De fait, ce concept relève bien plus de la subjectivité et de l'intuition de l'utilisateur que d'une définition précise. Il est vrai que les concepts de stabilité et de résilience correspondent à la représentation d'un monde en équilibre qui arrange particulièrement bien les gestionnaires et les conservationnistes. Comme le soulignait

Colinvaux (1982), « les naturalistes sont très attirés par cette théorie parce qu'elle correspond bien à l'idée intuitive que la nature, qui est complexe, fonctionne harmonieusement ».

On a bien essayé de remplacer stabilité par d'autres termes tels que résilience, rémanence, résistance, réversibilité, etc. Seule la résilience a connu un succès certain. Le terme résilience vient des sciences physiques où il a le sens de résistance aux chocs. Il a été introduit en écologie pour exprimer la capacité d'un écosystème à se remettre d'une perturbation. Pour Dajoz (1996), « la résilience ou homéostasie mesure la résistance face aux perturbations extérieures. Un système possède une grande résilience lorsqu'il reprend sa structure primitive après avoir subi des variations plus ou moins importantes ». En clair, tel un ludion, l'écosystème retrouve sa structure initiale après perturbation. Cette vision fixiste ne correspond pas à ce que l'on observe en réalité : les systèmes écologiques évoluent sur des trajectoires.

La définition qui est souvent admise aujourd'hui est celle de Holling (1973), pour qui la résilience est la capacité d'un système à pouvoir intégrer les conséquences d'une perturbation dans son fonctionnement, sans pour autant changer de structure qualitative. En d'autres termes, le système s'adapterait (Holling décrit d'ailleurs quatre étapes du cycle d'adaptation) et il évoluerait en intégrant les transformations de manière à assurer sa pérennité, non pas en revenant à un état antérieur. Il n'empêche que pour Pimm (1984), la résilience devient « la vitesse à laquelle le système retourne à son état original » ! Difficile d'abandonner la notion d'équilibre qui continue à imprégner le subconscient de certains écologues.

Pourtant, la paléoécologie nous a montré que des systèmes écologiques se transformaient profondément au cours du temps, aussi bien sur le plan qualitatif que sur le plan fonctionnel. Ils peuvent perdre ou gagner des espèces, ou des processus. Ils peuvent naître et disparaître, sans l'intervention de l'homme ! Il en est de même pour les communautés qui les constituent. Alors, si le concept de résilience a permis de faire une transition dans les esprits entre la notion d'état d'équilibre et celle de dynamique évolutive, à quoi sert-il encore ? Si ce n'est à maintenir l'idée qu'il y a un semblant de stabilité sur de courtes échelles de temps.

Tu domineras la nature... et pourquoi pas ?

Le thème des rapports de l'homme à la nature a suscité une abondante littérature. Pour faire bref, pour de nombreux philosophes la pensée occidentale se serait construite autour de la domination des éléments et des milieux naturels, selon le fameux principe biblique de « tu domineras la nature ». Les anthropologues nous parlent souvent d'autres sociétés qui porteraient quant à elles un « regard amical » sur la nature. On a fait ainsi l'apologie des savoirs traditionnels respectueux de la nature. Des discours qui ont pu faire penser que les populations exotiques vivent en harmonie avec la nature et qui, par opposition, jettent le discrédit sur le comportement de l'homme occidental accusé d'être le destructeur de la nature.

En prenant des distances avec ces schémas philosophiques quelque peu réducteurs, gageons que le citoyen de base depuis l'Antiquité avait une relation plutôt ambiguë avec la nature. Elle lui apportait certes quelques aménités, mais elle était aussi une source inépuisable de nuisances et de dangers ! Catastrophes climatiques, épidémies, ravageurs des cultures étaient le lieu commun des hommes qui se battaient simplement pour survivre. Les pesticides, aujourd'hui tant décriés, ont été accueillis avec enthousiasme et soulagement après la dernière guerre : ils allaient enfin nous mettre à l'abri des maladies parasitaires et éloigner les spectres des famines. Et c'est toujours ainsi qu'ils sont perçus dans les pays en développement. Qu'on en fasse parfois mauvais usage est une autre histoire. La caricature de l'homme, ennemi de la nature, fait partie du discours culpabilisateur colporté par des groupes de pression qui cherchent le plus souvent à en tirer profit.

Le « bon état écologique »
ou la nostalgie du passé ?

Il existe plus ou moins consciemment chez les écologues l'idée qu'il y a des bons et des mauvais états des systèmes écologiques ! La littérature abonde en termes tels que « dégradation », « perturbation », « dysfonctionnement », « désordre », etc., sans que le plus souvent ces termes ne soient définis explicitement. Ils relèvent donc plutôt du jugement de valeur que d'une démarche scientifique.

Or l'évaluation de l'état écologique est une démarche de plus en plus fréquente lorsqu'on cherche à agir sur un système et à évaluer les résultats de politiques de restauration ou de conservation. On a besoin de savoir d'où l'on part afin de juger, à l'arrivée, du bien-fondé des actions qui ont été menées. Mais pour cela, il faut fournir aux gestionnaires des indications claires sur ce que l'on doit mesurer et sur les attendus. Dans l'état actuel des choses nous en sommes loin, car définir un état écologique reste un exercice périlleux. Pour de nombreux écologues, la quête d'une référence écologique permettant de comparer l'état passé, présent et à venir, est une démarche utopiste.

Les collègues nord-américains ont proposé dans les années 1970 la notion d'intégrité biotique. Après des années de controverses, la définition proposée par Karr et Dudley (1981) fut retenue, à l'usure : « The capability of supporting and maintaining a balanced, integrated, adaptive, community of organisms having species composition, diversity, and functional organisation comparable to that of natural habitats of the region ». Une définition théorique et peu opérationnelle. Comment définir en effet les termes équilibré, intégré, adaptative ? Quelles recommandations précises faire aux gestionnaires ?

Par la suite, on proposa la notion de « santé » des écosystèmes, une analogie ou une métaphore qui part du principe que les activités humaines entrainent des « dysfonctionnements » (ou considérés comme tels) dans les écosystèmes anthropisés (Rapport *et al.*, 1998). Le gestionnaire doit maintenir un écosystème en bon état de fonctionnement de même que le médecin doit maintenir un individu en bonne santé. En réalité, il ne semble pas y avoir ici non plus de définition universellement admise de la santé des écosystèmes. Le concept comporte une large part de subjectivité (Chapman,

1992). Mais il a, de toute évidence, un fort effet d'appel auprès des gestionnaires. Il a l'avantage de donner plus de poids, en termes de communication, aux messages concernant la nécessité d'agir pour remédier aux troubles observés. Le challenge est dans l'application de la métaphore pour élaborer les politiques de gestion… Ici non plus l'écologie n'a pas souvent d'indications claires à fournir aux gestionnaires, en dehors des recommandations habituelles : réduire les pollutions, recréer de l'hétérogénéité, etc.

Le concept de « bon état écologique » des écosystèmes est un des derniers avatars introduit en 2000 dans la directive cadre européenne (DCE) sur l'eau sans que les écologues ne s'en émeuvent dans un premier temps. C'est sur la base d'une caractérisation de l'état écologique des eaux de surface que les gestionnaires évalueront si les efforts réalisés pour améliorer la qualité des eaux ont été fructueux ou non, et qu'ils décideront de pénalités éventuelles pour les mauvais élèves ! Cependant beaucoup s'interrogent sur la signification de ce concept, certes très imagé, mais dont la pertinence scientifique est contestée. Quant à son origine, il semble que le concept ait été élaboré par des gestionnaires, et non par des scientifiques, lors de la préparation de la DCE.

Comme pour l'intégrité ou la santé des écosystèmes, les scientifiques ont beaucoup de mal à définir et à caractériser ce bon état ! Empiriquement, on sait remodeler les écosystèmes, réduire la pollution et restaurer certains habitats. Autant d'activités anthropocentrées qui répondent à nos besoins de protection en matière de santé et d'alimentation, ainsi qu'à nos besoins d'activités ludiques ou de récréation. Mais on ne répond pas pour autant à la question : comment qualifier dans l'absolu le bon état écologique !

Il n'est pas innocent de constater que dans la caractérisation du bon état écologique, la directive cadre sur l'eau ignore les espèces introduites. Seules sont prises en compte les espèces autochtones, celles de « chez nous ». Pourtant, ignorer le rôle que peut maintenant jouer la moule zébrée, « pour ne citer qu'elle », dans les écosystèmes aquatiques relève de la caricature. Est-ce une position idéologique qui a conduit à cette décision de ne pas prendre en compte les exotiques ? On pourrait le penser.

Il est aujourd'hui une voie qui pourrait permettre de progresser. Elle consisterait à ne pas se référer à un unique et hypothétique état d'équilibre (ce que suggère implicitement le vocable « bon état »), mais aux multiples états viables que peut connaître un écosystème. La multiplicité de ces états (et leur probabilité d'occurrence) dépend de la constitution et des contraintes auxquelles sont soumis les écosystèmes. Pour un gestionnaire ou un opérateur, le bon fonctionnement serait alors l'ensemble des états qui permet le maintien de l'écosystème au prix d'un minimum d'interventions. À lui, ensuite, d'œuvrer et d'agir en fonction de ses impératifs culturels et économiques.

Les trajectoires, au fil du temps…

Dans les années 1980, on a assisté à des changements de paradigmes : on a mis en avant la variabilité et l'hétérogénéité comme moteurs du fonctionnement des écosystèmes. Il faut se rendre à l'évidence, les systèmes écologiques se modifient en permanence au cours du temps. La diversité du vivant est en réalité le produit du changement, pas du *statu quo*, ce qu'avait déjà suggéré Darwin plus de cent ans auparavant… Bref, on s'inscrit maintenant dans la perspective d'une dynamique temporelle sans retour en arrière, en réfutant en même temps l'idée que l'évolution réponde à un dessein. Le changement climatique que nous connaissons vient nous rappeler fort à propos que les écosystèmes ne sont en aucun cas des ensembles statiques ! La contingence et le hasard deviennent les principaux acteurs de la dynamique des communautés sur le long terme. Dans un tel contexte, il devient plus difficile de rechercher un ordre immuable de la nature, qui était le principe fondateur de l'écologie.

Le terme trajectoire est une métaphore empruntée à la physique. C'est la courbe décrite par un point d'un corps lors de ses positions successives au cours du temps. La trajectoire possède à la fois un passé et un futur. Si la plupart des systèmes écologiques que nous connaissons en Europe ont été fortement modifiés par les activités humaines, ce sont également des systèmes qui ont connu dans le passé, et à diverses reprises, des bouleversements importants du fait des changements climatiques (les périodes glaciaires par exemple). Tout système a une histoire. Beaucoup sont des systèmes « jeunes » en comparaison avec les systèmes tropicaux. Leur trajectoire rétrospective correspond ainsi à la succession des changements d'état qui se sont produits sous l'effet conjugué des paramètres climatiques et anthropiques. Et dans l'histoire récente, pour nos fleuves européens par exemple, ce sont les usages du fleuve *via* les aménagements, qui ont joué un rôle majeur.

Ces usages ne sont plus tous d'actualité, mais d'autres usages voient le jour, à l'exemple des usages récréatifs, ou des usages de conservation de la biodiversité. Ces nouveaux usages vont à leur tour infléchir la trajectoire, tout en étant contraints bien entendu par le poids des aménagements passés. La trajectoire future dépend donc en partie de l'inertie du système et des objectifs que l'on se donne. C'est ici que prend tout son sens la question : quelles natures voulons-nous ? Que l'on peut aussi traduire par : quel jardin (planétaire) voulons-nous ? Ces questionnements impliquent une réflexion prospective (cf. page 103).

La notion de trajectoire n'exclut pas que des systèmes puissent conserver en apparence certaines caractéristiques macroscopiques pendant des durées assez longues, à l'échelle des observations humaines. C'est ce que Magnuson (1990) évoque lorsqu'il parle de « présent invisible ». En fonction des descripteurs choisis pour caractériser l'état d'un système, et en fonction de la durée des observations, nous pouvons ou non percevoir des changements.

Admettre que l'on peut piloter les trajectoires, c'est aussi admettre qu'il doit y avoir débat et concertation puisque la science écologique ne peut plus se prétendre détentrice d'un état de la nature « modèle » (Bouleau *et al.*, 2009). L'écologie, discipline naturaliste, n'a pas vocation à décider de ce qui est bon ou mauvais.

La mécanisation de la nature

Nous manquons d'une base théorique robuste associant la diversité écologique à la dynamique des écosystèmes et, par là, aux services écosystémiques qui sont à la base de notre bien-être. Nous avons tous besoin de cette information pour comprendre les limites et les conséquences de la perte de biodiversité et les actions requises afin de maintenir et restaurer les fonctions de l'écosystème.
Carpenter *et al.*, 2006

Peut-on mettre la nature en équations ? C'est le rêve de certains écologues. On pourrait de la sorte faire des prévisions et se passer, au moins partiellement, de données de terrains fort dispendieuses. Mais il faudrait pour cela que l'on mette en évidence des lois et que l'on ait démontré que les systèmes écologiques avaient des comportements déterministes... En réalité, derrière cette ambition, il y a l'éternelle quête de reconnaissance de l'écologie en tant que science face aux sciences dures, celles qui fondent leur raisonnement sur les mathématiques... Car l'écologie souffre du « syndrome de Newton » et de la fascination exercée par la science reine : la physique. En utilisant un petit nombre de concepts théoriques, telle que la loi de la gravitation universelle, il a été possible d'interpréter le mouvement des planètes. Pourquoi n'en serait-il pas de même avec les systèmes écologiques ? Dans cette perspective, certains écologues ont essayé de nous persuader que la science peut décrire un monde dont la complexité n'est qu'apparente, en utilisant des paramètres relativement simples dans une démarche de nature déterministe (Solbrig et Nicolis, 1991).

Ainsi, dans leur quête du graal pour identifier les lois qui gouvernent le fonctionnement des systèmes biologiques, les écologistes ont essayé d'adapter à leurs domaines de recherche des concepts et des méthodes développés dans d'autres champs scientifiques pour tenter d'expliquer comment la nature est organisée. Ils ont pour cela testé diverses hypothèses (Lévêque, 2001) :

– les systèmes biologiques sont structurés par un réseau de communication (cohésion cybernétique) ;

– ils répondent aux lois de la thermodynamique (thermodynamique des systèmes dissipatifs) ;

– ils sont organisés sur le plan hiérarchique (théorie des hiérarchies) ;

– ils sont dynamiques dans le temps et dans l'espace (théorie des systèmes dynamiques non linéaires) ;

– ils sont capables d'adaptation et évolutifs (théorie des systèmes adaptatifs) ;

– ils sont auto-organisés et auto-régulés (théorie de la criticalité auto-organisée).

Ces différentes approches ont fourni des informations utiles pour progresser intellectuellement dans la compréhension de l'organisation des systèmes écologiques, mais elles n'ont guère eu de suite pour la plupart et nous ne disposons toujours pas d'une théorie générale des systèmes écologiques.

La recherche de lois en écologie

Dans un article au titre provocateur, John Lawton (1999) pose la question fondamentale pour les écologues : peut-il y avoir des lois universelles en écologie ? Sa conclusion, sans appel, est qu'il y en a peu, compte tenu de la complexité des systèmes écologiques. Cet article, on s'en doute, a suscité de nombreuses réactions. Selon les idées qui prévalent actuellement, l'écologie se prête mal en effet à une approche déterministe de même nature que celle qui fit le succès des sciences physiques.

Ainsi, Simberloff (2004) confirme les propos de Lawton selon lesquels « les quelques lois générales en écologie

des peuplements consistent en des généralisations floues »
qui souffrent toutes d'exceptions. Il est possible par des
études minutieuses de comprendre le fonctionnement de
systèmes écologiques locaux, mais ces connaissances ne
sont pas souvent transférables, même à des systèmes en
apparence similaires. En d'autres termes, ces connaissances
sont le plus souvent contingentes. Doit-on pour autant
considérer que l'écologie des communautés est une science
obsolète comme le laisse penser Lawton ? Pour Simberloff
qui ne partage pas le pessimisme de Lawton, l'écologie des
communautés et des écosystèmes ne doit plus être abordée
selon les principes de la physique, mais par des approches
différentes.

L'une de ces approches est d'identifier des patterns qui
sont en quelque sorte des phénomènes ayant une apparence de régularité dans les observations réalisées sur le
milieu naturel : structure spatiale, répartition géographique,
etc. L'un des patterns les plus évidents est la relation exis-
tant entre la nature des biomes terrestres et deux variables
environnementales : la précipitation moyenne annuelle et
la température moyenne annuelle. Le développement de la
macroécologie, dans les années 1990, vise à privilégier cette
approche à grande échelle (Brown, 1989). Mais l'existence
des biomes terrestres est liée également à la nature des sols,
à la géomorphologie, à la biogéographie, etc. On parle alors
de « contingence » qui est le fait que les mécanismes et lois
que l'on observe varient selon les lieux et les échelles considérées et ne sont donc valables que dans certaines circonstances bien précises.

Cette constatation conduit Lawton à s'interroger sur les
raisons qui poussent encore tant d'écologistes à poursuivre des
recherches écologiques à petite échelle, alors que les patterns
et mécanismes sont tellement contingents qu'il est très difficile d'identifier des lois générales. Une bonne question qui n'a
pas trouvé de réponse jusqu'ici.

La pensée systémique

Dans les années 1950, la science écologique s'est organisée autour d'une nouvelle forme de pensée, la pensée systémique que Joël de Rosnay (1975) a symbolisée par le concept de *macroscope*. Il indiquait alors « qu'il ne faut pas considérer cette approche comme une "science", une "théorie" ou une "discipline", mais comme une nouvelle méthodologie, permettant de rassembler et d'organiser les connaissances en vue d'une plus grande efficacité de l'action ». L'approche systémique, fille de la cybernétique, est aujourd'hui complémentaire de la vision analytique héritée de Descartes.

Le « système écologique » ou éco-système

Système vient du grec *systema* : « ensemble organisé ». Un écosystème est une unité écologique composée d'espèces vivantes en interactions entre elles et leur environnement physico-chimique. La notion de système est très utilisée dans les sciences de l'ingénieur. Elle sous-entend une structure plus ou moins déterministe, dont la représentation la plus commune est celle des « systèmes à compartiments » avec des boîtes et des flèches. En écologie, le PBI a popularisé les représentations en boîtes correspondant aux biomasses des différents groupes d'organismes, reliées par des flèches symbolisant les relations trophiques et les flux. Le concept d'écosystème consacre l'intégration de l'approche naturaliste de l'écologie des peuplements, avec la théorie des systèmes et les théories énergétiques qui dérivent de la thermodynamique (Golley, 1993).

Selon la théorie des systèmes, un écosystème est caractérisé par une structure et des fonctions. En bref, la structure comprend des éléments constitutifs qui peuvent être mesurés ou dénombrés (espèces chimiques, espèces, populations, habitats, etc.), ainsi que des réservoirs (stocks, biomasses) de matière vivante ou de minéraux. Le fonctionnement est caractérisé par des flux d'entrée et de sortie du système, et des flux de natures diverses à l'intérieur du système (flux de matière et d'énergie), contrôlés par des systèmes de régulation, des réseaux de communication, ainsi que par des boucles de rétroaction et des ajustements. Mais, dans un système écologique, le fonctionnement, c'est aussi un réseau d'interactions entre espèces et de communication intra et interspécifique. Le fonctionnement des systèmes écologiques est ainsi sous le double pilotage de facteurs biotiques et abiotiques.

L'approche systémique cadrait bien avec le concept d'éco-système. Les écosystèmes sont en effet des systèmes ouverts sur le plan thermodynamique : ils échangent de la matière et de l'énergie avec leur environnement. L'énergie nécessaire à la photosynthèse pénètre dans le système sous forme d'énergie solaire et elle en ressort sous forme de chaleur et de CO_2. Cette approche mécaniste se prête bien au formalisme mathématique et fournit un cadre théorique pour prendre en compte la dynamique des différentes composantes. La question, fondamentale, reste de savoir si l'on est parvenu, ou sur le point de parvenir, par ce moyen à une théorie synthétique. Certains le pensent, mais beaucoup d'autres estiment qu'il s'agit là d'une autre utopie…

La pensée systémique a introduit une véritable révolution dans la démarche scientifique. Alors que la science classique s'appuyait essentiellement sur la causalité linéaire, nous avons découvert, sous l'impulsion de la cybernétique, le principe de la causalité circulaire (ou principe de *rétroaction*), selon lequel l'effet revient vers la cause et la modifie. Comme le souligne Edgar Morin, il n'est pas question de réduire à néant tout le savoir scientifique accumulé mais plutôt de compléter l'approche réductionniste, analytique et quantitative, par une approche globale, synthétique et évolutive.

La complexité

La littérature écologique nous rappelle de manière récurrente que les systèmes écologiques sont des systèmes complexes. On utilise en général cette expression pour souligner notre incapacité à analyser et comprendre l'objet d'étude… Complexité rime alors avec impuissance, voire scepticisme ! En fait, on a un peu de mal à définir la complexité. Un système peut être composé d'un très grand nombre d'éléments qui interagissent sous des formes très variées et qui peuvent être assemblés ou dissociés. Le terme complexe signifie alors compliqué, ardu, confus, difficile d'accès, etc. Un écosystème est ainsi composé de nombreux éléments dont il est impossible d'examiner toutes les interactions. En ce sens, il est complexe.

On a proposé de nombreuses définitions de la complexité (Jorgensen, 1997). Celles-ci insistent généralement sur l'existence :
– d'une grande variété d'éléments (notamment d'espèces) possédant des fonctions spécialisées et organisés en systèmes hiérarchiques ;
– d'un grand nombre de boucles de rétroaction ;
– d'une forte hétérogénéité spatiale et temporelle.

Pavé (1994) distingue quant à lui une complexité structurelle qui correspond pour les systèmes naturels à une structure spatiale plus ou moins complexe et une complexité des comportements liée à la dynamique d'un système, qui engendre des trajectoires complexes des variables d'état de ce système.

Avec la complexité on introduit l'idée de trajectoires temporelles et de bifurcations des systèmes écologiques, qui s'oppose à celle de l'équilibre et de la stabilité. Car les systèmes complexes sont évolutifs et ne se maintiennent pas à l'identique. En l'absence de perturbation majeure, l'évolution du système tendrait spontanément vers la complexification. Au contraire, en cas de perturbation, le système réagirait par un stress au terme duquel il se simplifierait.

On peut considérer, avec Michel Serres, que la complexité est un concept flou et mal défini. Néanmoins, il présente l'intérêt de créer une rupture avec le réductionnisme qui laisse entrevoir un monde fonctionnant sur le modèle des horloges. Un monde programmé (par une main invisible, par un créateur ?) qui laisse la porte ouverte aux idéologies... À l'inverse, admettre la complexité c'est reconnaître qu'il y a une part d'indétermination dans la nature. C'est reconnaître qu'il n'y a pas de certitude scientifique et qu'il est même inutile d'en chercher ! C'est également reconnaître qu'il n'y a pas de déterminisme absolu, qu'il peut y avoir du hasard, de la contingence, des catastrophes, des évènements improbables... D'une certaine manière, c'est aussi accepter l'idée d'une « boîte noire », avec ses entrées et sorties et admettre que l'incertitude fait partie de notre monde ! Mais ne pas tout savoir ne signifie pas que l'on ne sait rien du tout, ni que l'on ne puisse rien faire ! Reconnaitre la complexité ce n'est pas baisser les bras et admettre le laisser faire...

Aux États-Unis, la NSF a initié au début des années 2000, un vaste programme sur la biocomplexité que l'on peut résumer ainsi : *The interplay between life and its environment.* La complexité biologique résulte en effet des interactions fonctionnelles entre les entités biologiques, à tous les niveaux d'organisation et leur environnement biologique, chimique, physique et humain à tous les niveaux d'agrégation. Parmi les caractéristiques de la biocomplexité, on peut mentionner un comportement non linéaire et chaotique, des interactions à différentes échelles spatio-temporelles, la difficulté de prévoir et la nécessité d'étudier le système dans son ensemble et non pas morceaux par morceaux. La biocomplexité est donc présentée comme une approche systémique et multidisciplinaire (biologistes, géologues, chimistes, physiciens, sociologues, économistes, statisticiens, etc.). Ces collaborations pourront s'appuyer sur de nouvelles technologies en vue de comprendre le fonctionnement et la complexité des écosystèmes.

Rita Colwell (2004) déclarait dans une interview : « Nous avons connu 50 ans de réductionnisme, nous avons étudié des composants de plus en plus petits, les isolant de leur contexte pour voir comment ils fonctionnaient. Maintenant nous en sommes au point où il faut intégrer toutes ces informations de manière à comprendre comment l'ensemble du système fonctionne. C'est, je le pense, la science du XXIe siècle – la complexité des systèmes vivants et non-vivants et la manière dont ils fonctionnent pour nous permettre de vivre sur cette planète. »

La communauté scientifique se divise de nouveau en deux : ceux qui pensent comme Colwell qu'il s'agit d'une science émergente qui va révolutionner nos connaissances, et ceux qui affirment qu'il s'agit d'une autre théorie scientifique confuse et même complètement creuse (Proctor et Larson, 2005) ! Le champ thématique qu'elle prétend couvrir laisse en effet perplexe. Mais la philosophie qui se propose d'encourager une recherche multidisciplinaire et multiscalaire demeure stimulante. Dans cet état d'esprit, certains suggèrent que la complexité serait une métaphore pouvant nous aider, à l'aide d'une image qui nous est familière et concrète, à populariser des concepts abstraits. Elle jouerait ainsi un rôle heuristique pour comprendre le monde.

En bref, les interactions entre les constituants d'un écosystème sont non seulement nombreuses mais diffuses et variables dans le temps et dans l'espace. La description du comportement dynamique des écosystèmes nécessite d'avoir recours à des fonctions non linéaires, des effets retards, etc., de telle sorte qu'il n'est pas possible d'évaluer la pertinence des prédictions quantitatives avec les méthodes statistiques classiques (Maurer, 1998). Ce cap méthodologique reste la pierre angulaire du développement de l'écologie des écosystèmes.

En réalité, la théorie de la complexité n'a pas réellement investi le champ de l'écologie. Ceux qui s'y sont aventurés ont plutôt traité de questions relatives à l'évolution ou à l'organisation des communautés, sans trop s'intéresser aux processus tels que production, respiration, décomposition, cycles des nutriments, etc. (Currie, 2011).

Où sont passées les propriétés émergentes ?

La plupart des ouvrages d'écologie insistent sur l'existence de propriétés émergentes dans les systèmes écologiques. La théorie des hiérarchies, par exemple, stipule qu'à chacun des niveaux de complexité, il y a émergence de structures et de propriétés nouvelles qui sont le résultat des interactions entre les éléments du niveau inférieur. Dont acte ! Mais quelques pages plus loin ces mêmes ouvrages sombrent corps et bien dans le réductionnisme…

Derrière l'affirmation célèbre selon laquelle « le tout est plus que la somme des parties » se profile l'idée qu'un écosystème n'est pas la simple juxtaposition d'éléments vivants et inertes. À l'image des organismes, il aurait des propriétés émergentes, qui lui sont spécifiques et qui ne se déduisent pas des seules caractéristiques de ses composantes. Mais là commence la difficulté. Si nombre d'écologues partisans d'une démarche holistique ont l'intime conviction que leur objet d'étude n'est pas une simple mécanique, ils ont été incapables jusqu'ici d'apporter des preuves concrètes permettant d'étayer cette conviction.

En réalité, les propriétés émergentes ou supposées telles de l'écosystème se font tant attendre qu'elles vont jusqu'à ébranler la pertinence même du concept. Comme le souligne Blandin (2009), « l'évocation quasi incantatoire des propriétés émergentes ne les fait pas pour autant apparaître dans le champ du réel ».

Peut-être devrons-nous attendre pour cela de nouveaux progrès des connaissances. Darwin n'a-t-il pas émis des hypothèses sur la sélection naturelle qui se sont révélées tout à fait pertinentes par la suite, sans rien connaître à son époque des mécanismes génétiques qu'elles sous-tendaient ?

Certains écologistes, en revanche, prennent le contre-pied et considèrent que l'ensemble n'est rien d'autre que la somme de ses composantes. On peut, dans ces conditions, étudier indépendamment chacune des composantes et reconstituer le système lorsque l'ensemble des connaissances acquises est suffisant. Ces deux visions du monde correspondent à des stratégies de recherches tout à fait différentes. On comprend qu'elles soient à l'origine d'un débat fondamental en ce qui concerne l'étude des écosystèmes (Bergandi et Blandin, 1998).

Dans la pratique, en effet, la recherche écologique est une science principalement réductionniste, qui accepte implicitement que les lois de fonctionnement peuvent être déduites des connaissances des niveaux d'intégration inférieurs. L'évocation des propriétés émergentes reste donc très… théorique ! Certains pensent d'ailleurs que la démarche holistique en écologie perd chaque année du terrain. Aussi a-t-on vu apparaître ces dernières années, à mesure que les écosystèmes étaient de moins en moins considérés comme des entités, un retour en force des processus écosystémiques (Currie, 2011). Selon Bergandi (1995), le discours holiste en écologie est lié à la défense de l'identité des écologues devant le risque de voir leurs objets de recherche pris en charge par les tendances réductionnistes.

Le rôle des concepts

Si l'écologie des écosystèmes peine à mettre en évidence des lois universelles, il n'en reste pas moins qu'elle a beaucoup progressé grâce à des concepts qui lui ont permis de structurer sa réflexion et sa démarche. Il semble, en effet, que la plupart des progrès réalisés dans cette discipline résultent de l'introduction de concepts nouveaux.

Les concepts sont souvent construits à partir de nombreuses observations et sont une forme de généralisation abstraite de phénomènes qui sont régulièrement observés (Pickett *et al.*, 1994). Ainsi l'espèce est un concept, de même que l'écosystème, le réseau trophique ou les cycles de matière et les flux d'énergie (le concept tropho-dynamique de Lindeman). Si l'on s'en tient au domaine de l'écologie des systèmes aquatiques, plusieurs concepts ont vu le jour au cours des années 1980, notamment pour les systèmes d'eaux courantes, des systèmes longtemps délaissés au profit des systèmes lacustres, parce qu'ils étaient considérés comme plus difficiles à étudier. Beaucoup de ces concepts, en réalité, sont des modèles conceptuels, car ils servent avant tout à établir un cadre dans lequel on peut rechercher une certaine logique à l'organisation des peuplements et au fonctionnement des hydrosystèmes. Citons par exemple :

– le continuum fluvial (*River continuum concept* ou RCC) (Vannote *et al.*, 1980) qui nous propose une structure hiérarchique des cours d'eau selon un gradient amont-aval, dans lequel les communautés biologiques vont pouvoir s'organiser et se structurer en fonction des facteurs abiotiques ;

– le fonctionnement par pulsation du système lotique (*flood pulse concept*) (Junk *et al.*, 1989) qui considère les alternances d'inondation et d'exondation liées au débit, comme le moteur du fonctionnement du système ;

– « l'habitat templet » (Southwood, 1977) selon lequel l'habitat agit à la fois comme un « gabarit » et comme un filtre qui va conditionner la nature des espèces présentes. Autrement dit, les caractéristiques de l'habitat vont sélectionner les espèces dont les traits biologiques sont en adéquation avec les conditions ambiantes. Les modifications temporelles et spatiales de l'habitat induisent une mosaïque de conditions biotiques et abiotiques ;

– l'hydrosystème : les écologistes ont reconnu l'importance des interactions rivières-écosystèmes terrestres adjacents et rivière-nappes, *via* des échanges transversaux et verticaux (Amoros et Petts, 1993). Ce concept peut paraitre évident, voire simpliste, aujourd'hui. Il n'empêche qu'à l'époque ce fut une véritable avancée conceptuelle qui servit de base à la loi sur l'eau de 1992 en France.

La fascination de l'outil mathématique

Les mathématiques sont présentes partout, ou presque. Pas de science qui ne se réfère, d'une manière ou d'une autre, aux mathématiques. Les écologues, eux aussi, sont depuis longtemps fascinés par les mathématiques. Car mettre le monde en équation, comme les physiciens, ça c'est du sérieux ! Bizarre que la théorie de l'évolution qui a révolutionné la biologie moderne n'utilise pas (ou si peu) les maths… Et que le concept d'écosystème, sur lequel est bâtie la science écologique, ne soit pas né sous la forme d'un modèle mathématique ! Y aurait-il une vie en dehors des maths ?

À l'époque où les moyens de calcul se réduisaient à la règle à calcul, on a vu apparaitre une floraison d'indices : indices de Spearman, de Kendall, de Bravais-Pearson, etc., sans oublier le fameux coefficient de corrélation… avec ou sans transformations logarithmiques. Autant d'indices qui cherchaient notamment à quantifier les similitudes entre peuplements. Une approche un peu plus sophistiquée est l'indice de diversité de Shannon issu de la théorie de l'information. Il existe une vaste littérature écologique sur l'art et la manière d'appliquer cette formule sans aucun intérêt opérationnel. L'acharnement avec lequel les écologistes continuent à utiliser cet indice laisse perplexe.

Par la suite, avec l'apparition des ordinateurs dans les années 1970-1980, l'analyse factorielle est apparue comme une innovation majeure pour le traitement des données écologiques. Les analyses factorielles trouvent tout leur intérêt dans l'analyse et l'interprétation de tableaux de grandes dimensions (plusieurs dizaines de lignes et de colonnes) que les traitements statistiques classiques ont du mal à gérer.

Au-delà des débats parfois vifs, entre les tenants de l'analyse des correspondances et ceux de l'analyse en composante principale, qui ont animé la communauté des mathématiciens dans les années 1970, les écologues avaient en perspective un outil puissant permettant de trier et de classer leurs observations. Ils se sont précipités auprès des spécialistes afin de traiter leurs données de terrain de manière « rigoureuse ». Certains – et ils étaient nombreux – espéraient que ces méthodes allaient pouvoir faire émerger des patterns ou des tendances significatives de la masse d'information dont ils disposaient et dont ils ne savaient que faire. Il y eut quelques heureux mais aussi de nombreux déçus, car les analyses factorielles ne sont rien d'autres que des méthodes de classement de l'information. Encore fallait-il que cette information ait été récoltée de manière adéquate et qu'elle soit interprétable ! Bref, les analyses multivariées constituent une méthode intéressante et puissante. Des collègues, tels que D. Chessel, ont largement et utilement œuvré à la rendre accessible aux écologues. Mais il n'y avait pas toujours en face des données écologiques de qualité.

Puis vint la mode des modèles mathématiques. L'apparition, dans les années 1980, de puissants moyens de calcul, leur démocratisation et leur banalisation ont entraîné une explosion des modèles mathématiques en écologie. En quelques jours, il est devenu « facile » de concevoir le modèle d'un système biologique complexe et de générer un grand nombre de simulations.

Selon Coquillard et Hill (1997), « un modèle est une abstraction qui simplifie le système réel étudié en ignorant de nombreuses caractéristiques du système réel étudié, pour se focaliser sur les aspects qui intéressent le modélisateur et qui définissent la problématique du modèle. » C'est donc une caricature de la réalité ! Pour Jorgensen (1997), « on peut considérer qu'un modèle est une synthèse d'éléments de connaissance concernant un système. La qualité d'un modèle dépend par conséquent de la qualité de nos connaissances et des données disponibles. Si ces informations sont de mauvaise qualité, on ne peut attendre du modèle du système qu'il pallie les manques de connaissances ou répare de mauvaises séries de données. »

Bouleau (1999) dresse une liste des modèles que l'on peut rencontrer en biologie et en conclut, quelque peu acerbe : « L'impression générale que donnent ces travaux est un ensemble assez hétéroclite. Parfois, des schématisations très sommaires sont appliquées à des situations complexes aux implications délicates, parfois au contraire sont employées des méthodes très sophistiquées sur des données très vagues. Des ébauches maladroites avoisinent des effets de style qui évoquent les précieuses ridicules. L'emploi de mathématiques trop complexes est un travers fréquent qui nuit gravement à la réputation des mathématiques. Le but peut être d'empêcher la discussion par des considérations savantes ou de tirer avantage d'une tournure à la mode mais le plus souvent cela vient de la tendance spontanée du modélisateur à améliorer en perfectionnant et en compliquant. » De plus, bien souvent ces modèles mathématiques ne sont jamais confrontés à des données expérimentales. En effet, encore aujourd'hui, les écologues de terrain et les mathématiciens paraissent appartenir à deux sphères déconnectées.

Le propos n'est pas de dire ici que les modèles sont inutiles. Mais un modèle est un outil qui permet de formaliser la connaissance et de réfléchir à la question que l'on se pose. Il n'est pas fait pour pallier le manque de données et doit toujours être confronté au terrain. Certains écologues sont malheureusement tombés dans la « fascination de l'outil », ou la facilité, en utilisant les modèles sans suffisamment d'esprit critique et en prétendant en faire un outil prédictif !

Fonctionnement des écosystèmes

Les écologues étudient la contribution des organismes au maintien du bon fonctionnement des écosystèmes, ce qui est un objectif légitime. Mais pour l'écologie appliquée, cette question va bien au-delà de la simple description de processus qui existent dans la nature. En particulier, cela présuppose que l'écosystème soit défini, ainsi que l'état de référence que l'on s'est choisi pour la période de temps considérée. En réalité, ce n'est presque jamais le cas, car la définition de l'écosystème est généralement considérée comme acquise. Mais ni la définition de l'écosystème, ni celle de l'état de référence ne sont des activités triviales.

Jax, 2005[4]

On parle à tout propos du « fonctionnement des écosystèmes ». Une expression qui fait partie des nombreux termes flous dont le sens n'est jamais clairement explicité. On l'utilise généralement pour faire référence à quelque performance théorique de l'écosystème (production biologique, auto-épuration, etc.). Mais, en réalité on reste le plus souvent dans le domaine de l'évocation, ce qui laisse la porte ouverte à toutes les interprétations. Une situation qui devient peu confortable lorsqu'il s'agit d'expliquer précisément aux gestionnaires ce qu'il faudrait faire en matière d'aménagement...

Il n'empêche que nous portons des jugements de valeur, non étayés eux aussi. Le terme « dysfonctionnement », par exemple, est employé à tout va sans que l'on précise le pourquoi des choses ! En réalité, il y a beaucoup de subjectivité dans ces jugements qui renvoient, une fois encore, à des représentations normatives du système étudié. Or il existe de nombreux exemples où l'homme a modifié des systèmes qui sont maintenant considérés comme « naturels », voire

---

4. Traduction de l'auteur.

patrimoniaux. Pensons par exemple à la forêt des Landes, à la Camargue, aux bocages, aux alpages, etc.

Fonctions, processus, fonctionnalités…

Dans le panier des expressions ambiguës, on évoque fréquemment les fonctions écologiques, avec la question afférente des services rendus par les écosystèmes. De fait, beaucoup de recherches en écologie se focalisent plutôt sur les fonctions/processus, que sur les écosystèmes en tant qu'entité (Currie, 2011).

D'après le Commissariat général au développement durable (2010), « les fonctions écologiques sont définies comme les processus biologiques qui permettent le fonctionnement et le maintien des écosystèmes (vision écologique), et les services écosystémiques comme les bénéfices retirés par l'homme des processus biologiques (vision économique) ». On peut ajouter : « Ce sont les fonctions écologiques qui assurent la capacité des écosystèmes à faire face à des perturbations et à se maintenir dans un état favorable à la production des services ». Doit-on entendre par là que services et fonctions sont liés ? Pas certain… On doit rappeler, avec Jax (2005), que les écosystèmes et les fonctions écologiques ne sont pas des objets qui peuvent être identifiés en tant que tels dans la nature. Ce sont des constructions intellectuelles abstraites. En conséquence, elles dépendent dans une large mesure des objectifs que se sont fixés les observateurs, ainsi que de leurs représentations de la nature.

Les termes « fonction » et « processus écologique » sont souvent utilisés indifféremment. Mais, pour ajouter à la confusion sémantique, le terme fonctionnalité est lui aussi tantôt utilisé comme synonyme de fonction ou de processus, tantôt comme synonyme du fonctionnement. Il est souvent associé à un espace, qui est la zone dans laquelle se situent les composantes et les fonctions du système étudié. Cette définition tend à supporter l'idée que la fonctionnalité (ou le fonctionnement) est l'expression de la réalisation d'une ou plusieurs fonctions.

> **Quelques fonctions essentielles de l'écosystème (ou l'écocomplexe) rivière**
>
> La fonction d'une rivière est d'évacuer vers la mer les eaux qui tombent sur le bassin versant, plus ou moins chargées de substances dissoutes ou en suspension.
>
> Une autre fonction importante est le cycle érosion-transport-sédimentation d'éléments fins et grossiers (limon, sables, graviers, cailloux, etc.) de l'amont vers l'aval.
>
> La rivière a aussi une fonction d'habitat pour la faune et la flore.
>
> Une fonction biologique importante de la rivière est la production et le recyclage de la matière organique.

Une question un peu embarrassante, et que l'on évacue généralement, tient au fait que parler de fonction et de fonctionnement relève d'une vision mécaniste d'un système qui semble poursuivre un but. Notre culture cartésienne nous incline à penser qu'il doit y avoir une finalité. Ainsi, pour J. de Rosnay (1975), « un système est un ensemble d'éléments en interaction dynamique, organisés en fonction d'un but. » Quel est le but poursuivi par un écosystème au-delà de produire et de recycler de la matière organique ? On peut suggérer, par exemple, que les écosystèmes sont des incubateurs de la diversité biologique, car c'est en leur sein que les espèces naissent et évoluent. Mais la question laisse malgré tout un peu perplexe !

Services

Les services rendus par les écosystèmes désignent les bénéfices tirés de l'utilisation des processus naturels par l'homme (Wallace, 2007). Ils sont de différentes natures :
– les services d'approvisionnement qui désignent la fourniture de biens matériels par les écosystèmes (poissons, eau potable, etc.) ;

– les services de régulation qui ont (dit-on) un impact « positif » sur notre bien-être (épuration des eaux polluées, stockage des eaux de crue, etc.) ;
– les services de caractère social ou culturel (plaisirs esthétiques, de loisirs – chasse, pêche, sport, etc.) ;
– les services support d'activités économiques (une rivière fournit de l'énergie hydraulique, sert aux transports, etc.).

Plus que les fonctions, ce sont les services qui intéressent la société. Le gestionnaire cherche donc à pérenniser ces services et à gérer l'écosystème afin qu'il puisse continuer à fournir les services attendus… Des services qui, par ailleurs, peuvent devenir sans intérêt au cours du temps, alors que d'autres besoins se font jour !

Nous ne discuterons pas ici de toutes les subtilités afférentes aux notions de biens et de services largement développées depuis le Millenium Ecosystem Assessment. Mais en revanche, on peut s'interroger sur l'usage qui en est fait. Le raisonnement circulaire selon lequel il faut maintenir l'écosystème en bon état de fonctionnement pour bénéficier de ses services ne résiste pas à la réalité des faits : les écosystèmes ont été modifiés pour fournir certains services… Pour les conservationnistes, il faudrait adapter nos besoins à un hypothétique fonctionnement optimal du système écologique qui n'est pas défini. Alors que la logique d'aménagement est de chercher un compromis entre des services attendus et un fonctionnement écologique qui reste à définir… Encore une fois, on n'est plus dans la science mais dans l'idéologie !

Biodiversité et fonctionnement des écosystèmes : la langue de bois

C'est un autre thème qui suscite bien des débats et à propos duquel on reprend en boucle des idées reçues. Pour certains, toutes les espèces sont indispensables au fonctionnement du système. Une position qui ne résiste pas, elle non plus, aux faits. Pour d'autres, il existe une hiérarchie dans le rôle des différentes espèces. Examinons deux exemples de questionnement récurrent.

Plus il y a d'espèces, mieux c'est ?

L'idée selon laquelle les communautés riches en espèces fonctionnent mieux, et sont plus stables, est ancienne. En 1955, l'écologiste américain McArthur, travaillant sur l'application de la théorie de l'information, émet l'hypothèse que la diversité des flux au sein de l'écosystème contribue à faciliter l'homéostasie de ce dernier, c'est-à-dire sa capacité à maintenir son équilibre fonctionnel. En toute logique, on peut penser que plus il y a de circuits possibles, moins la perte d'un de ces circuits est préjudiciable pour le système. Les écologues, ayant il est vrai un peu de mal à recenser les différents flux au sein d'un écosystème, se sont rabattus sur ce qu'ils connaissent bien : les espèces ! L'idée originale de Mc Arthur a ainsi été transposée sans autre forme de procès et érigée en dogme : la diversité des espèces engendre la stabilité !

Dans les années 1990, la question est remise à l'ordre du jour à l'occasion d'approches expérimentales (Naem *et al.*, 1994) : les expériences menées en Ecotron sur des micro-écosystèmes montrent que la productivité augmente avec le nombre d'espèces. Mais, de manière insidieuse, les résultats ont été interprétés en sens inverse : la productivité décroît quand la diversité en espèces diminue. Dans le contexte de l'époque, où l'on dénonçait la 6ᵉ extinction de masse, l'argument devenait ainsi bien plus porteur médiatiquement (Leps, 2005). Par ailleurs, les conclusions de ces approches expérimentales, qui visaient à démontrer que les communautés riches en espèces sont plus productives ou plus résistantes aux invasions biologiques, sont fortement contestées par certains écologues qui estiment que ces mini-écosystèmes artificiels ne sont pas représentatifs de la réalité. Notamment, il n'y a jamais dans la nature de situations équivalentes à celles de ces parcelles expérimentales renfermant un très faible nombre d'espèces, ce qui relativise fortement les conclusions de ces expérimentations...

En milieu aquatique, un travail d'inventaire a montré qu'il n'y avait pas de relations univoques entre richesse en espèce et production biologique (un paramètre d'évaluation du fonctionnement des écosystèmes) (Statzner et Lévêque, 2007). On trouve en effet tous les cas de figures... Dans les marais à roselière ou à papyrus par exemple, par ailleurs très productifs et très robustes, on trouve peu d'espèces. On peut lire pourtant dans un travail assez récent : « Il existe une liaison positive entre biodiversité et stabilité de l'écosystème ou, plus exactement, entre biodiversité et résilience, entre biodiversité et capacité de l'écosystème à amortir les perturbations » (Abbadie et Lateltin, 2004). Cette affirmation est loin d'être démontrée mais des écologues continuent à colporter ces idées reçues sans plus d'esprit critique ! Il est vrai que ces idées sont entretenues par des courants conservationnistes qui trouvent là un argument pour exiger la protection intégrale des milieux.

Une espèce de plus ou de moins, ça change quoi ?

La question de savoir si toutes les espèces sont indispensables dans un écosystème suscite elle aussi des débats. On a répondu assez clairement à la question du rôle relatif des espèces dans un écosystème : toutes les espèces ne jouent pas des rôles équivalents. Il y a ainsi des espèces dites clés de voute, des espèces ingénieurs (à l'exemple du castor ou du ver de terre), etc. Mais on parle aussi d'espèces redondantes, qui sont interchangeables sur le plan fonctionnel.

La disparition d'espèces compromet-elle le fonctionnement d'un écosystème ? Un certain nombre d'écologues, partisans de l'approche déterministe, ont contribué à diffuser l'idée que les écosystèmes sont des constructions fragiles, qui peuvent s'effondrer si certains constituants biologiques viennent à disparaître (Levin, 1999). Pour des raisons éthiques ou émotionnelles, on peut regretter que l'existence de l'ours blanc soit compromise par la fonte des glaces polaires. Mais sa disparition n'empêcherait pas l'écosystème arctique de fonctionner, de manière forcément différente en raison du réchauffement climatique.

D'autres écologues, au contraire, estiment que les écosystèmes sont des structures robustes, dans lesquelles l'identité des joueurs et les règles de participation sont flexibles. Ainsi, la disparition d'une espèce dans un écosystème entraîne automatiquement des modifications de ce dernier, mais l'importance de ces modifications dépend du statut de l'espèce concernée : la disparition d'une espèce clé de voute n'aura pas les mêmes conséquences que celle d'une espèce exerçant des fonctions similaires à celles remplies par d'autres espèces. En outre, les systèmes écologiques sont adaptatifs et la disparition ou l'introduction d'une espèce se traduira par des réajustements. Bien entendu le système sera modifié, mais il continuera de fonctionner, de manière un peu différente. C'est de toute évidence ce qui s'est passé dans l'histoire des écosystèmes.

On met de plus en plus en avant la flexibilité et l'adaptabilité au niveau génétique, un phénomène qui a toute raison de se manifester également au niveau des communautés. Ainsi, les introductions d'espèces créent de nouvelles interactions, sélectionnant les capacités adaptatives des espèces en place qui s'accommodent plus ou moins des nouveaux « joueurs ». Certains considèrent même qu'à long terme, les invasions contribueraient ainsi à renforcer les capacités adaptatives des écosystèmes (Vermeij, 2005).

Il est intéressant de noter que les écologues se sont beaucoup inquiétés des conséquences de la disparition d'espèces sur le fonctionnement des écosystèmes, dans la mouvance des travaux sur l'érosion de la biodiversité. La plupart des recherches dans ce domaine sont des travaux théoriques, réalisés dans l'univers clos des laboratoires, qui mettent en exergue le danger de voir les systèmes écologiques s'effondrer quand les espèces deviennent moins nombreuses. On devrait conseiller à ces chercheurs de mettre un peu les pieds sur le terrain ! Car il y a peu d'exemples concrets venant conforter ces élucubrations et pour cause : même si des espèces macroscopiques disparaissent, les micro-organismes sont toujours présents et assurent la circulation des flux de matière… Même sérieusement appauvri en macro-espèces, un système écologique continue de fonctionner. Évidemment, si l'eau vient à manquer, certains systèmes aquatiques disparaissent. Mais ce sont les facteurs édaphiques qui sont alors responsables.

Incidemment ces mêmes chercheurs, obnubilés par la fameuse érosion, oublient de s'intéresser à un phénomène pourtant largement répandu : que se passe-t-il quand des espèces nouvelles viennent s'installer dans l'écosystème ? En Europe, la plupart des systèmes écologiques s'enrichissent en espèces soit nouvellement introduites, soit qui étendent leur aire de répartition (Beisel et Lévêque, 2010). Or les conséquences de cet enrichissement en espèces sur le fonctionnement des systèmes écologiques n'ont pas suscité beaucoup d'intérêt chez les écologues. On peine à trouver des travaux publiés dans ce domaine. Il faut dire que cette question peut amener à une remise en cause des paradigmes actuellement dominants en écologie et ne fait pas l'objet de discours dramatisants à portée médiatique !

The unknown…

On a pu penser à une époque qu'il était facile de comprendre le fonctionnement des écosystèmes à partir de l'étude de ses composantes macroscopiques, les seules que l'on pouvait identifier et manipuler. Le progrès des techniques a permis d'avoir accès à d'autres processus susceptibles d'intervenir dans les phénomènes de régulation et qui sont assez peu pris en compte. On en mentionnera simplement deux.

Réseau de communication et cohésion cybernétique

On peut en discuter les raisons, mais les êtres vivants sont des systèmes auto-régulés. Les propriétés des êtres vivants ne peuvent être déduites des propriétés individuelles des molécules qui les constituent. Mais jusqu'à preuve du contraire, on ne sait pas expliquer ce qu'est la vie, ce petit plus qui fait toute la différence avec un assemblage de molécules…

Ce constat est-il transférable à d'autres niveaux d'organisation du monde vivant, et notamment aux écosystèmes ? Ce fut (c'est encore) la grande tentation de l'organicisme en écologie. Ces écosystèmes sont-ils seulement des ensembles aléatoires d'espèces ou y a-t-il des processus qui assurent la cohésion entre les différentes parties et, sur le long terme, la pérennité du système ? Certains pensent que l'organisation de la nature résulte d'un plan divin, une hypothèse que nous écarterons par principe. Mais d'autres pensent que l'organisation résulte de la dynamique interne du système.

Pour Patten et Odum (1981), les écosystèmes sont de nature cybernétique. La cybernétique est la science des processus de communication et de contrôle de l'information. L'essence même des systèmes cybernétiques réside dans l'existence d'un réseau qui assure la communication entre les différentes parties du système pour en faire un ensemble intégré. Les fonctions de ce réseau sont de piloter et de réguler le système et de contrôler les flux de matière et d'énergie. On peut parler à ce propos d'une « cohésion cybernétique ».

On connait depuis longtemps les réseaux des flux d'énergie, des processus de production biologique et de recyclage de la matière. Mais on a découvert qu'il existe également un réseau d'informations qui se surimpose au précédent. Ainsi, les signaux visuels, sonores, olfactifs ou électriques, ainsi que les phéromones, peuvent susciter des réponses directes ou indirectes de différentes composantes du système et contribuer à réguler les flux de substances et d'énergie.

Messages de reconnaissance entre individus d'une même espèce ou d'espèces différentes, messages d'agression ou de coopération, de soumission, de peur ou de colère, messages de séduction en rapport avec la reproduction, ou messages contribuant à structurer la vie sociale, le monde vivant on le sait maintenant est fortement structuré par un système de communication que l'on a pendant longtemps ignoré. Lévêque, 2001.

Les plantes aussi se font la guerre

L'allélopathie (du grec *allêlôn*, « les uns et les autres » et *pathos*, « maladie ») est un phénomène que l'on rencontre chez les plantes comme chez les animaux. Il s'agit de la production de substances chimiques par un organisme qui empêche le développement ou la croissance d'autres organismes alentour appartenant à des espèces différentes. Ainsi, le cératophylle épineux (*Ceratophyllum demersum*) est doté d'un fort potentiel allélopathique. Cet hydrophyte agit sur le milieu comme un algicide et un cyanobactéricide (Herbert, 2000) et peut limiter le développement des cyanobactéries.

La diversité des relations allélopathiques que l'on découvre petit à petit chez les plantes ouvre de nouvelles perspectives, mais aussi de nouvelles interrogations sur le fonctionnement des écosystèmes. On a mis en évidence que les substances chimiques ayant des fonctions allélopathiques avaient également d'autres rôles : défense des plantes, régulation des processus de décomposition et de fertilité des sols *via* leur action sur les communautés des sols (Inderjit *et al.*, 2011).

Si, comme on peut le penser, les relations allélopathiques sont assez fréquentes dans la nature, on est en droit de s'interroger sur la signification et la portée des expériences en microcosmes utilisant quelques espèces dont on ignore les compatibilités.

La découverte de ces nombreuses communications inter et intra spécifiques, viennent conforter (sans les démontrer pour autant) les hypothèses de Patten et Odum (1981) sur la nature cybernétique des écosystèmes. Chez les végétaux comme chez les animaux, les individus peuvent communiquer entre eux de diverses manières : par les systèmes racinaires, par des organismes médiateurs tels que les champignons mycorhiziens qui peuvent établir des liaisons entre les plantes. Les scientifiques s'interrogent d'ailleurs sur le rôle que pourraient jouer des substances chimiques artificielles, ou leurs produits de dégradation, qui miment des substances naturelles. C'est la grande question des perturbateurs hormonaux.

Le rôle caché des micro-organismes

Le fonctionnement biologique d'un système écologique peut se résumer de manière schématique à deux grandes fonctions : la production de matière organique d'une part, et la reminéralisation de cette matière organique pour libérer les éléments minéraux qui serviront de nouveau à la production d'autre part. La première fonction est pour partie le fait des végétaux et des micro-organismes, qui représentent les producteurs primaires. La seconde est essentiellement assurée par des micro-organismes. Dans les systèmes largement dominés par la végétation, à l'exemple des tourbières ou des roselières (phragmitaies, papyraies, etc.), le cycle est très court. Or la plupart des écologues qui s'intéressent au cycle production/décomposition concentrent leurs efforts sur la petite partie « visible » du cycle, les chaines trophiques, plus facile à étudier, en faisant le plus souvent l'impasse sur les autres parties. D'où l'impression que l'on essaie de reconstituer l'histoire véhiculée par un long métrage en visionnant seulement quelques minutes du film ! Est-ce bien sérieux ? Pourtant on continue à faire comme si l'étude des chaines trophiques permettait de comprendre le fonctionnement des systèmes…

De fait, le rôle des micro-organismes a été largement sous-estimé, notamment pour des raisons méthodologiques, alors qu'ils jouent un rôle essentiel dans le fonctionnement des écosystèmes. On a montré l'importance de la loupe microbienne dans les milieux pélagiques. Par ce processus de recyclage rapide et de reminéralisation, la boucle microbienne assure le maintien des nutriments dans le système tout en les rendant disponibles pour le phytoplancton de manière quasi permanente. On a découvert également dans le picoplancton de l'océan des cyanobactéries fixatrices d'azote qui assurent une part non négligeable de l'apport en azote nouveau dans les zones océaniques pauvres en nutriments (Biegala et Raimbault, 2008). Ces découvertes ont profondément modifié notre manière de considérer le fonctionnement des systèmes pélagiques. De même que la découverte de la rhizosphère nous a amené à reconsidérer l'écologie des sols. Sans oublier la flore bactérienne des sources hydrothermales où l'on a découvert une autre manière de fabriquer de la matière organique par chimiosynthèse.

Malgré l'explosion des travaux en microbiologie ces dernières années, nous en sommes encore à l'âge des découvertes en matière d'écologie des écosystèmes. Il est probable que les micro-organismes dépendent peu des autres niveaux d'organisation du vivant. Ils étaient là bien avant et leurs capacités de survie sont apparemment très élevées. Ils sont susceptibles de vivre dans des milieux extrêmes et de dégrader la plupart des déchets et des polluants chimiques. Par des transferts horizontaux de gènes, ils sont capables de modifier leurs génomes et la notion d'espèce perd de sa pertinence pour ces organismes. En l'occurrence, on aurait plutôt tendance à penser que les micro-organismes ne sont pas menacés par les activités humaines… Et dans la mesure où ce sont les maillons essentiels des cycles biogéochimiques, il y a peu de risque que le fonctionnement des systèmes écologiques s'interrompe. Ce qui devrait amener à se poser sérieusement la question de savoir à quoi servent les études conventionnelles de chaînes trophiques au regard du fonctionnement global des systèmes écologiques.

Écologie de la restauration.
Quelles natures voulons-nous ?

*En définitive, la restauration écologique, qui exige un effort
soutenu de l'homme dans la gestion des perturbations
et des équilibres, est le seul acte qui consacre à la fois
scientifiquement et moralement notre engagement intelligent
au service de la nature. Le laisser faire écologique, la croyance
en un équilibre immuable qui n'existe pas :
voilà peut-être le vrai crime contre la nature.*
Gunnell, 2009

Pendant longtemps, la conservation de la nature s'est focalisée
sur la préservation des écosystèmes dont le principe fondateur est d'exclure l'homme des milieux à protéger. Mais les
entreprises de restauration ou de réhabilitation d'écosystèmes
dégradés, voire de création *ex-nihilo* de nouveaux écosystèmes, ont connu un développement considérable aux cours
de ces dernières décennies. « Recréer la nature » (du nom
d'un programme financé par le ministère de l'Environnement ; Chapuis *et al.*, 2001) est ainsi devenu le mot d'ordre
de l'écologie de la restauration, laquelle se situe à la confluence
de préoccupations économiques et sociales (aménagement du
territoire, cadre de vie, espaces récréatifs) et de préoccupations
écologiques (conservation de la nature, réhabilitation de sites
dégradés). Elle offre l'opportunité de développer un savoir-
faire appliqué (une écotechnologie) et de tester les théories
écologiques en vraie grandeur sur des sites expérimentaux.
L'écologie de la restauration apparaît ainsi comme le bras armé
de l'écologie opérationnelle. C'est une écologie de l'action
qui nous est proposée, en réaction, peut-être, à une écologie
trop longtemps cantonnée dans les études d'impacts et les

"

notices nécrologiques. Mais peut-on refaire ce qui a été défait, comme on répare une voiture ou un appareil électrique ? Il y a là, à n'en pas douter, une vision très mécaniste de la nature et une ambition peut-être un peu démesurée.

Pourquoi restaurer ?

Restaurer, c'est d'abord faire le constat que quelque chose ne va pas dans l'écosystème qualifié de dégradé et qu'on entend, par une action volontariste, rétablir une situation supposée « meilleure »… Il y a donc, en filigrane, un aspect normatif : la représentation par les scientifiques de ce qu'ils considèrent être un système écologique en « bon état ». Si le concept est évocateur, sa déclinaison opérationnelle reste compliquée en l'absence de consensus sur une définition du bon état. Néanmoins, le monde de la restauration est loin d'avoir une attitude homogène. Si certains prônent une politique active, d'autres estiment au contraire que le « laisser faire » est parfois préférable, surtout si l'on met en regard le coût de la restauration (Prach et Hobbs, 2008).

De manière spontanée, le terme restaurer laisse penser qu'il s'agit de rétablir un état naturel. Ce terme est d'ailleurs emprunté au vocabulaire muséographique : restaurer un meuble, c'est le remettre dans son état d'origine ! Pour les puristes, l'objectif est, en effet, de retrouver l'état des systèmes écologiques avant dégradation. Selon Clewell et Aronson (2010), « la restauration écologique satisfait le profond désir humain de retrouver un élément de valeur perdu ». Cette phrase mériterait, à elle seule, de longues exégèses concernant le poids des représentations et des idéologies en matière de restauration ! Et, ajoutent-ils, « quand un écosystème est restauré, il doit pouvoir s'auto-organiser, se pérenniser et être capable de se maintenir comme un écosystème non perturbé du même genre situé dans le même contexte ou paysage ». Ce mythe, souvent colporté dans le domaine de la restauration, selon lequel il est possible de retrouver un état pristine (ou un état avant dégradation) et capable de s'auto-entretenir, n'est pas un objectif réaliste dans la majorité des cas. Pour une raison simple : la plupart de nos systèmes écologiques, en Europe tout au moins, sont aménagés depuis longtemps pour des usages économiques ou pour des raisons sécuritaires que peu de citoyens contestent. Ces systèmes créés par l'homme ont ainsi acquis une valeur patrimoniale, à l'exemple de la Camargue, de la Sologne, ou de la forêt des Landes… mais ils n'ont rien à voir avec des systèmes non dégradés !

Il est par contre légitime d'avoir des objectifs éthiques, esthétiques, écologiques ou économiques en matière d'aménagement. Et de se poser la question de manière différente : quelles natures voulons-nous recréer ? Que voulons-nous faire du système que l'on se propose de restaurer ? Et pourquoi le fait-on ? On aborde ainsi la question de la restauration sous un angle moins ésotérique que celui d'un hypothétique « bon état », avec des objectifs que le citoyen et les élus peuvent comprendre. Peu de chance par exemple de convaincre les riverains d'abattre les digues et de restaurer la nature sauvage et primitive de nos grands fleuves car les dégâts causés par les crues centenaires ont marqué les esprits ! Mais on peut avoir pour ambition de retrouver un peu plus de naturalité sur les berges et une vie plus active dans les eaux ! Peu de chances également de recréer ces zones humides, infestées de moustiques, qui furent en grande partie asséchées au XIXe siècle en raison des ravages de la malaria. Des moustiques, pas plus que des loups, personne n'en veut, même si certains intégristes disent encore que ces espèces sont nécessaires au bon fonctionnement des écosystèmes !

En faisant un petit pas de plus, on peut aussi penser que nos actions de restauration sont essentiellement motivées par des considérations éthiques, esthétiques ou idéologiques, indépendamment d'une préoccupation scientifique. Auquel cas on n'a pas à s'embarrasser des *a priori* scientifiques, ni du fameux « nécessité d'améliorer nos connaissances » souvent invoqué dans ces circonstances pour cacher notre ignorance. La réponse à « quelles natures voulons-nous ? » relève alors, pour l'essentiel, de l'application concrète de systèmes de valeurs. L'obtention d'un consensus social pour ce type d'opération, *via* les processus délibératifs habituels, est plus simple, puisqu'il s'affranchit de la dimension écologique, souvent source de conflits ou pour le moins de complications. Évidemment nous sommes dans une démarche de jardinage, voire de bricolage, dans laquelle le savoir-faire de l'ingénierie écologique est fondamental. Mais ce type de situation où l'écologie est marginalisée est finalement assez fréquent, notamment dans les opérations de restauration menées, pour l'essentiel, par des paysagistes.

Des ambiguïtés dans les paradigmes

Une première ambiguïté réside dans les termes utilisés. Le terme restaurer est le plus souvent utilisé dans un sens générique qui englobe différents types d'intervention sur les systèmes écologiques. Le programme national de recherche « Recréer la nature » (Chapuis *et al.*, 2001, 2002) distinguait ainsi divers types de démarches. La restauration correspond à « la transformation intentionnelle d'un milieu pour y rétablir un écosystème considéré comme indigène et historique. Le but de cette intervention est d'imiter la structure, le fonctionnement, la diversité et la dynamique de l'écosystème prévu ». La réhabilitation d'un écosystème « consiste à lui permettre de retrouver ses fonctions essentielles en le situant sur une trajectoire naturelle favorable à l'un des états alternatifs stables ». La création vise « à construire *ex nihilo* un écosystème en compensation d'une destruction due à un aménagement de type lourd ». On ne recrée pas la nature mais on recrée de la nature.

Une seconde ambiguïté, déjà soulignée, est celle du retour espéré à un état antérieur qui pose d'emblée le problème de la réversibilité. Il y a, à la base du paradigme de la restauration, une prise de position idéologique qui va à l'encontre de l'évidence scientifique selon laquelle les systèmes sont sur des trajectoires irréversibles… On contourne en général la difficulté par un discours casuistique précisant qu'il s'agit de retrouver un état le plus proche possible de l'état naturel… Mais l'idée de réversibilité nous renvoie néanmoins à une demande souvent exprimée en matière de restauration : « retrouver la rivière de mon enfance… ». D'où vient cette idée que « c'était mieux avant » ? Cette motivation est souvent mise en avant pour justifier d'opérations qui sont en réalité de la renaturation (Dufour et Piegay, 2009).

Une autre ambiguïté réside dans les conceptions différentes de la nature selon les groupes sociaux. Le développement de l'écologie de la restauration amène à s'interroger sur la part relative de la science écologique et des sciences sociales dans cette activité. Car l'idée que se fait un écologue du bon état d'un système écologique peut être assez différente de celle d'un citoyen. La naturalité est une représentation mentale que se font les individus d'un objet qu'ils considèrent être « naturel ». Marylise Cottet-Tronchère (2010) résume ainsi la situation : « Il apparaît que ce que les gens appellent "nature" est éminemment culturel. […] la naturalité, telle qu'elle est perçue par tout un chacun, est susceptible d'entrer en contradiction avec la naturalité, telle qu'elle est appréhendée par les écologues chargés de définir le bon état écologique. »

Ainsi, une enquête réalisée sur le Rhône (Le Lay *et al.*, 2007) a mis en évidence que les paysages de rivières qui exercent la plus grande attraction ne sont pas les paysages sauvages, mais ceux qui apparaissent comme « entretenus » aux yeux du public. Cette attirance pour les paysages entretenus peut s'expliquer par des besoins de loisirs mais aussi de sécurité. De manière générale, si les paysages perçus comme naturels sont jugés plus esthétiques, c'est que les structures paysagères qui les caractérisent correspondent à un idéal culturel. Ces préférences esthétiques ne semblent, en aucun cas, être liées au bon état écologique. En réalité, les citoyens sont beaucoup plus sensibles à la perception paysagère qu'à l'état écologique.

Quelles natures voulons-nous ? Une question de société

Les remarques ci-dessus mettent en relief l'ambiguïté du concept de naturalité : si les individus affichent des préférences pour les environnements naturels, ce sont en réalité les paysages entretenus qu'ils plébiscitent. D'où la question : l'écosystème de référence, celui que l'on se fixe comme objectif, doit-il être déterminé par les écologues eux-mêmes, à l'aide de critères exclusifs à leur discipline, ou doivent-ils faire l'objet d'une négociation préalable avec d'autres acteurs du territoire, qu'ils soient gestionnaires ou simples usagers ? Comment concilier valeur écologique et valeur « paysagère » ou ludique ? Le terrain de la restauration est sans doute celui sur lequel la biologie et les sciences sociales sont amenées à faire des rencontres qui ne soient pas seulement protocolaires (Fabiani, 1999)...

La question qui se pose alors pour le gestionnaire est de faire émerger un consensus entre les scientifiques, les ingénieurs, les politiques et la société quant aux objectifs à atteindre. Et, plus exactement, d'identifier les leviers sur lesquels il peut agir de manière à placer le système à restaurer sur la trajectoire souhaitée. Car la notion de trajectoire – par opposition au paradigme de l'équilibre – ne correspond pas, bien entendu, à une simple extrapolation des conditions actuelles. Dans cette logique de dynamique temporelle des systèmes écologiques, la notion normative d'état de référence perd toute signification. Mais on peut la remplacer à moyen terme par la notion d'état désiré. Ce dernier devrait être une projection sur le futur, élaborée localement après concertation des différents protagonistes. Tout projet devrait en effet fédérer les attentes d'écologistes qui ne parlent que de biodiversité sans savoir la définir, de partenaires économiques portés par leurs intérêts immédiats, de politiques qui ne veulent pas de vagues mais ne rechignent pas non plus sur des projets dont ils pourront s'approprier la paternité à condition qu'ils réussissent, et du citoyen lambda qui peut porter un regard positif sur le projet mais qui demande « combien ça coûte tout ça » et si c'est bien la priorité dans le contexte actuel ! En réalité, cette concertation c'est l'application concrète de l'idée de gouvernance qui est l'un des piliers de la directive cadre sur l'eau !

L'état désiré d'un fleuve devrait donc être le produit d'une démarche pragmatique. Comme Paul Arnould l'a suggéré à propos des forêts, on peut évoquer les trois « pro- », comme « production », « promenade » et « protection »… Dans le cas des fleuves, il s'agit alors, pour simplifier, de renforcer la sécurité, recréer des habitats pour les poissons et renaturer les berges !

Surgit cependant une forte interrogation : les écologues sont-ils capables d'identifier la meilleure trajectoire possible dans un monde en évolution permanente ? Et surtout, que peuvent-ils conseiller sérieusement aux gestionnaires compte tenu des incertitudes sur le futur ? Le changement climatique, l'arrivée de nouvelles espèces, les contraintes économiques liées aux usages des milieux, laissent supposer qu'il y a plusieurs futurs possibles pour un système écologique. Une situation qui nous dérange car nous préférons les systèmes déterministes qui nous sécurisent intellectuellement, alors que le hasard a joué et continuera de jouer un rôle important dans la dynamique des systèmes écologiques. L'écologie reste une science d'observation et il faut se faire à l'idée que nous ne pouvons pas tout modéliser.

Le cache sexe de la biodiversité

Une idée reçue, très populaire, est que la restauration écologique a pour objectif la conservation et la protection de la biodiversité, et celle-ci est invoquée comme un des principaux baromètres du succès des opérations. Mais cette formulation est souvent utilisée de manière incantatoire. Vise-t-on à protéger une espèce ou un habitat ? Ou à diversifier les habitats ? Ou à augmenter localement la richesse en espèces d'un groupe zoologique ou botanique ? Tout un ensemble de questions qui sont assez rarement documentées. Le plus souvent, pour les milieux aquatiques, on cible les oiseaux, parfois les poissons, des espèces qui se voient et qui ont un impact médiatique. Mais il s'agit alors de groupes spécifiques, pas de « la » biodiversité.

De fait, la biodiversité ne semble pas être la raison principale de beaucoup de démarches de restauration. Sur la base d'un bilan réalisé sur 480 actions déclarées comme relevant du domaine de la restauration des rivières, Morandi et Piégay (2011) ont montré que, dans la pratique, les motivations répondent à trois catégories principales :
– des restaurations à visée hydraulique, centrées sur des enjeux sécuritaires (protection des berges par génie végétal, entretien des ripisylves, protection des berges en génie civil – murs en pierres, gabions –, gestion hydraulique, curage du chenal, etc.) ;
– des restaurations à objectif piscicole afin d'assurer la pérennité d'une ressource (création et restauration de frayères, aménagement d'habitats, diversification des écoulements, etc.) ;
– des restaurations à finalité écologique considérant le bon fonctionnement comme le garant du développement durable (relèvements des débits minima, remodelage du chenal, restauration d'annexes hydrauliques, effacement de seuils et de barrages, restauration des ripisylves, etc.).

L'analyse met aussi en évidence qu'il y a peu de suivis mis en place pour savoir si les actions ont eu des répercussions attendues sur le milieu ou si l'opération est un échec. Il est difficile en général de savoir si elles se sont soldées par des gains écologiques et socio-économiques… Plus curieux encore, mais ceci peut expliquer cela, près de 50 % des actions ne mentionnent pas explicitement les objectifs et 71 % ne semblent répondre à aucun signe de dysfonctionnement du système.

Des pratiques à revisiter

En matière de restauration écologique, les experts suivent généralement une « philosophie interventionniste, activiste et légitimante » justifiant leurs buts par des critères écologiques qu'ils estiment structurants. Cette légitimité de la science s'inscrit dans la tradition positiviste (Bravard, 2006). Mais dans la réalité, prétendre gérer les écosystèmes naturels, c'est se confronter à la complexité des multiples interactions et des dynamiques spatio-temporelles qui sont encore mal connues, et donc mal maîtrisées. Ces mêmes scientifiques, dans une démarche quelque peu schizophrène, ne cessent par contre de mettre en avant la grande complexité des systèmes naturels, la difficulté à comprendre leur fonctionnement et l'impérieuse nécessité d'approfondir nos connaissances. La science écologique appliquée à la restauration nous a néanmoins distillé une idée fondamentale qui semble faire consensus. En bref, restaurer c'est avant tout recréer de de l'hétérogénéité et de la variabilité. C'est un grand pas en matière conceptuelle par rapport à une vision longtemps fixiste de l'écologie.

À ces incertitudes concernant le fonctionnement des écosystèmes s'ajoutent les incertitudes relatives aux techniques émergentes de l'ingénierie écologique. Le développement du génie écologique pose de surcroît le problème de la spécificité et de la place d'une intervention des écologues par rapport à d'autres interventions sur la nature comme celle du paysagiste spécialisé dans l'aménagement de l'espace, ou celle de tous les acteurs sociaux qui mobilisent des savoirs pratiques sur les mêmes terrains. Quelle est la compétence spécifique de l'écologue par rapport à tous ces métiers ? Si le génie écologique n'est pas en mesure de reproduire du non reproductible, quelle est donc son originalité par rapport à d'autres formes d'aménagement de l'espace, à l'exemple du paysage (Barnaud et Chapuis, 2004) ?

La société n'a pas attendu la naissance de la science écologique pour développer un savoir-faire en matière de gestion des espaces naturels et de leurs ressources. Les forestiers, comme les gestionnaires des pêches, avaient acquis un savoir empirique qui a d'ailleurs servi par la suite aux écologues. Mais pour acquérir le statut de « science », l'écologie scientifique s'est progressivement démarquée des savoirs populaires en matière de gestion de la nature. Avec une certaine arrogance, les écologues mettent en avant « l'arsenal conceptuel » de la science pour mieux se démarquer de ces savoirs profanes. On s'inscrit ici dans une pratique assez courante dans les domaines de la conservation et de la restauration, mais aussi de la gestion des ressources naturelles, qui consiste à disqualifier les pratiques « traditionnelles » de gestion ou de protection au motif qu'elles n'ont pas d'assise scientifique, et de proposer à la place aux gestionnaires leur démarche basée sur la rigueur des connaissances et du raisonnement scientifique.

Il est donc souhaitable d'élaborer des stratégies de restauration qui prennent en compte la perception des citoyens et leurs attentes éthiques et esthétiques, tout autant que la connaissance scientifique. Or, ce n'est pas souvent le cas. En outre, on peut s'interroger sur les motivations et la manière dont sont conduites nombre d'opérations de restauration. On constate en effet une certaine fébrilité à agir, soit que l'on soit pressé d'appliquer des idées que l'on trouve judicieuses, soit que l'on fasse de l'action un élément banalisé d'une politique environnementale sans trop se soucier des objectifs ni des résultats. À ce titre, les conclusions du travail d'analyse de Morandi et Piégay (2011) sont tout à fait édifiantes. Sur 480 actions déclarées sur internet comme relevant du domaine de la restauration des rivières, seules 30 % mentionnent l'existence d'un suivi, mais 7 % seulement (35 opérations) font état de deux éléments de suivi (état avant et/ou après restauration, site témoin, suivi technique) et il n'y a que trois cas pour lesquels suivis scientifiques, états initiaux et sites témoins sont développés simultanément ! En d'autres termes, on se soucie assez peu des résultats et on ne se donne pas réellement les moyens de vérifier si l'opération a été positive.

Il est navrant de constater, en fin de compte, que l'action est davantage valorisée que son résultat. Et on est en droit de mettre en regard le peu d'informations recueillies dans le cadre de ces activités de restauration et la légitimité des sommes dépensées sans vérifications ni obligation de résultats. Du pain béni pour la Cour des comptes ?

La compensation : un nouveau business ?

L'idée en soi est intéressante : il s'agit de limiter la dégradation des milieux naturels par des projets d'aménagements, en obligeant les maitres d'ouvrages à prendre des précautions. La loi du 10 juillet 1976 sur la protection de la nature prévoyait que toute étude d'impact comporte « les mesures envisagées pour supprimer, réduire et, si possible, compenser les conséquences dommageables pour l'environnement » des projets. Cette obligation, qui est restée longtemps en veilleuse, a été reprise par le Grenelle de l'environnement, sur la base d'un système d'échange de sites à potentialités comparables. Et elle a donné lieu à une doctrine selon laquelle la compensation s'inscrit dans une séquence dite « éviter – réduire – compenser » (ERC). En d'autres termes, il faut d'abord tout faire pour éviter les impacts et, sinon, les réduire au minimum. En dernier recours, il faut compenser « en nature » les impacts résiduels, en réalisant des actions de conservation favorables aux espèces, habitats et fonctionnalités présents dans les milieux dégradés. Le concept « d'équivalence écologique », entre les pertes liées aux impacts et les gains attendus des mesures compensatoires, parfois utilisé par les écologues, est certes parlant, mais ne résout pas pour autant le problème opérationnel qui consiste à recommander ou non les échanges de sites.

Autrement dit, pour compenser une trop faible réduction des impacts d'un projet, le demandeur doit s'engager à améliorer les fonctionnalités d'une zone humide voisine. Cette compensation peut être réalisée sur le site ou sur un autre site. Ce faisant, on admet implicitement que des espaces naturels protégés sont substituables entre eux, ce qui fait l'objet bien évidemment de débats ! Cette démarche est proche, sinon calquée sur celle du *wetland mitigation* américain, en application depuis 1978, qui vise à atténuer les impacts sur les zones humides. Évidemment, cette démarche a un coût. Mais là n'est pas le fond du problème : elle interpelle les écologues à la fois sur les objectifs de la restauration et sur la nature des « compensations » !

Dans un tel contexte, on peut s'attendre à quelques belles usines à gaz dont nos sociétés ont le secret ! De fait, l'économie et le droit prennent la main sur ce domaine que les écologues ont, il faut l'avouer, un peu de mal à baliser. Car au-delà du discours théorique sur les fonctions et services écosystémiques, il existe beaucoup d'incertitudes sur les résultats attendus concrètement des opérations de restauration. Une méta-analyse (Moreno-Mateos *et al.*, 2012), portant sur 621 projets de restauration ou création de zones humides dans le monde, montre que dans de nombreux cas la récupération est lente, voire incomplète. Il faut laisser du temps aux systèmes réhabilités, mais même dans ces conditions, on ne maitrise pas la trajectoire future qui peut dépendre de facteurs de contrôle non maitrisés. Qui peut dire avec certitude, par exemple, quel sera le climat dans 50 ans ?

On peut donc s'attendre à des contentieux coûteux, qui nécessiteront des évaluations économiques et de longs procès. Le résultat net est que la compensation devient un banal business qui profitera plus aux économistes et aux juristes qu'aux milieux naturels ! Ainsi, aux États-Unis, la conservation des zones humides est devenue une véritable industrie pour que les aménageurs puissent obtenir leurs permis, avec des banques de compensation, des crédits, des ratios, etc. (Geniaux, 2001). Le succès mitigé des échanges « surface contre surface » de zones restaurées, créées ou améliorées, a conduit à mettre en place un système de coordination des échanges par un système bancaire. Le *Mitigation Banking* est un mécanisme qui consiste à échanger des crédits et des débits en termes de fonctionnalités des zones humides sur la base d'un prix principalement guidé par le coût de restauration ou de création de ces fonctionnalités. L'aménageur peut faire l'acquisition de « crédits » ou « d'unités » auprès de ces banques. Le nombre de crédits ou d'unités à acquérir est issu d'un calcul confrontant les pertes anticipées suite à l'aménagement proposé et les gains obtenus par la banque de site (Quétier *et al.*, 2011). Allons-nous voir ce type de démarche s'installer chez nous ?

Prospective, prévision, prédiction. Les boules de cristal de l'écologie

Le passé est le lieu des faits sur lesquels je ne puis rien,
il est aussi du même coup le lieu des faits connaissables ;
alors qu'au contraire l'avenir est pour l'homme,
en tant que sujet connaissant, domaine d'incertitude,
et que sujet agissant, domaine de liberté,
de puissance.
de Jouvenel, 1964

Les écologues ne seront jamais capables de faire des prévisions
très précises. Le défi est plutôt de décrire et d'évaluer des patterns
que de faire des déclarations qui aillent au-delà de celles
des experts en sciences naturelles. Actuellement, les conseils
prodigués par les naturalistes sont bien meilleurs.
Hansson, 2003

Pour Peters (1991), l'écologie est utile dans la mesure où elle apporte des réponses à des questions bien posées ! Or un défi auquel elle est confrontée est sa capacité à reconstituer et à prédire les trajectoires des systèmes écologiques. La science écologique a réalisé des progrès considérables en matière de reconstitution des environnements disparus grâce à la paléoécologie. Ce regard historique nous a souvent permis de comprendre comment se sont mis en place les systèmes écologiques actuels. Mais il n'en est pas de même en ce qui concerne l'exploration des futurs alors que les écologues sont fortement sollicités pour donner des avis argumentés sur des mesures d'aménagement et sur les conséquences des changements globaux. Quelle sera la nature et l'ampleur des changements en cours ? On peut aussi avoir besoin d'une démarche prospective dans le cas de projets de restauration : est-il judicieux, par exemple, de mener certains types d'opérations en milieu côtier, alors que l'on sait que certaines zones côtières seront probablement submergées d'ici quelques décennies avec la remontée du niveau marin ?

Invoquer le manque de connaissances pour éluder la réponse à ces sollicitations serait mal perçu par la société, qui attend des scientifiques des prises de position relativement claires. Pourtant, les écologues sont assez démunis devant cette question à laquelle ils ont, de toute évidence, de grandes difficultés à répondre avec pertinence.

L'écologie face à la prospective ?

La prospective consiste à réfléchir sur les divers futurs possibles. Selon L. Mermet (2005), c'est l'élaboration, à partir de méthodes réfléchies et construites, de conjectures sur l'état et les changements futurs possibles d'un système dont l'avenir est perçu comme un enjeu.

L'écologie s'est trouvée confrontée à la question de la prospective dans la perspective du changement climatique et l'obligation de penser que les systèmes écologiques évoluent. Selon A. Coreau (2009), les occurrences des mots « scenario » et « prédiction » occupent une part croissante des publications en écologie de ces vingt dernières années. En 1988, aucun article référencé dans le *Web of Science*® ne contenait l'association entre les mots *ecology* et *prediction*. En 2007, 2 % des articles répondent à cette requête.

La question de la prospective soulève de vraies bonnes questions qui méritent qu'on s'y attarde, mais qui en amènent une autre : l'écologie est-elle capable de l'assumer ? La réponse est à double détente. D'une part, il y a de nombreux arguments pour dire que les capacités de l'écologie à faire des prévisions sérieuses à moyen et long terme sont pour le moins limitées. Il existe, en effet, de nombreux obstacles méthodologiques et épistémologiques. Mais, par ailleurs, une approche comparative permet dans certains types de systèmes bien connus, de faire des prédictions relativement bonnes, « toutes choses égales par ailleurs ».

Il est important que les prédictions issues de la recherche soient fiables pour que l'écologie reste crédible. Mais comment faire, par exemple, lorsque les questions posées nécessitent une réponse rapide avant même que les informations nécessaires aient été acquises ou consolidées ? La fuite en avant consiste à faire croire que la prédiction est possible si on s'en donne les moyens... Car reconnaitre les difficultés, voire l'incapacité de la science à prévoir les états futurs, équivaudrait à un arrêt de mort pour l'écologie qui s'est investie dans le rôle de conseiller du prince en matière d'environnement.

> **Encore la sémantique...**
>
> La prédiction est un évènement annoncé à l'avance par calcul, raisonnement ou induction, auquel on accorde un degré important de certitude. La prédiction est souvent donnée avec une certaine probabilité de réalisation (Carpenter, 2002).
>
> La prévision (*forecast* en anglais) est la meilleure prédiction possible à partir d'un modèle donné ou réalisée par un individu donné. La prévision est l'étude d'une situation donnée dont on peut, par déduction, calcul, mesure scientifique, connaître à l'avance l'évolution. Le degré de certitude d'une prévision est très grand.
>
> Conjecture : toute construction intellectuelle élaborée et discutée avec rigueur sur les futurs possibles d'un système (Mermet, 2005). Il s'agit d'un terme générique, englobant notamment les prédictions, les projections, les scenarios.
>
> Scénario : construction logique incluant un récit cohérent et construit sur des principes méthodiques concernant les futurs possibles d'un système. Ils peuvent aussi inclure des résultats de simulations.

Les obstacles épistémologiques

Il faut se faire une raison, en écologie le futur est incertain et indéterminé... et la trajectoire des systèmes écologiques n'obéit pas à des lois purement déterministes ! Pour une science d'observation qui s'appuie sur des hypothèses souvent difficiles à vérifier, il n'est donc pas facile d'envisager le futur.

En réalité, les écologues se sont assez peu préoccupés des obstacles qu'il fallait surmonter pour travailler sur les futurs, alors qu'ils sont confrontés à des problèmes épistémologiques importants (Coreau, 2009). L'un d'eux tient au fait que les systèmes écologiques sont complexes, ce qui limite notre capacité à prédire leur devenir. Dans ce domaine, on peut mentionner les difficultés liées à la diversité des interactions entre processus, aux effets retards, aux questions d'échelles, etc. Pour pallier le problème de la complexité, les écologues se sont massivement engagés dans une démarche réduction-niste : on cherche à identifier les processus les plus importants et à simplifier le système pour éviter de prendre en compte la complexité et en vue d'élaborer des modèles. Mais on ne sait pas si l'utilisation de ces modèles simplifiés permet réellement de bien comprendre le fonctionnement des systèmes et de faire de bonnes prédictions, puisqu'il est difficile de les valider.

Un autre obstacle, de taille, est que les principaux déterminants de la dynamique des systèmes écologiques, à nos échelles de temps, sont de nature socio-économique. Ce sont les usages et les impacts des activités humaines qui prennent le pas, le plus souvent, sur les déterminants à long terme d'origine climatique par exemple. Les mécanismes écologiques ne sont, en réalité, mobilisés que pour analyser leurs conséquences... Or, jusqu'à preuve du contraire, on a du mal à réellement anticiper les dynamiques sociales sur le long terme et encore plus leur impact environnemental. L'indétermination résulte ici en grande partie de la volatilité des décisions humaines...

Au risque de bousculer certaines idées, on peut avancer également que l'écologie ne peut pas prévoir des situations qu'elle n'a pas encore rencontrées. Il existe, en effet, une grande part de hasard dans la trajectoire des systèmes écologiques et la question des incertitudes liées aux prédictions est un point fondamental que les écologues abordent peu. Or les incertitudes s'accroissent avec le laps de temps considéré et la possibilité que des évènements aléatoires se produisent. La difficulté est que le public et/ou les gestionnaires ne comprennent pas toujours bien qu'il puisse y avoir « incertitude » de la part des scientifiques, et les écologues évitent d'en parler trop ouvertement !

Des pratiques étriquées

Coreau (2009, 2010) a interviewé plusieurs écologues afin d'identifier leurs pratiques et leurs démarches pour éclairer le futur. Il en ressort quelques points saillants :
– les écologues, de manière générale, ont des difficultés à envisager la multiplicité des futurs écologiques. Lorsque nous serons en 2050, le monde sera parvenu à un certain état, qui sera unique. Mais lorsque nous portons notre regard sur l'horizon 2050, et compte tenu de nos connaissances actuelles, il n'y a pas une seule option possible, mais plusieurs options. Cela tient au fait qu'il existe, en écologie, de nombreux phénomènes aléatoires et stochastiques et que nous ne pouvons envisager le monde de manière entièrement déterministe (Doak *et al.*, 2008). Pourtant, la majorité des chercheurs interrogés essaient de prédire un seul futur, en dépit du grand nombre d'incertitudes auxquelles ils sont confrontés et qui devraient les amener, au contraire, à envisager plusieurs alternatives. De fait, ils ont des difficultés à reconnaitre la multiplicité et l'indétermination propres aux futurs ;
– les modèles (déterministes ou statistiques) sont la méthode privilégiée par la majorité des chercheurs interrogés pour étudier le futur, alors que les scénarios sont très peu employés. De fait, pour de nombreux écologues, les méthodes basées sur les scénarios ne font pas partie de leur discipline et, qui plus est, ne sont pas réellement scientifiques !

– pour les écologues, les prédictions nécessitent une connaissance précise du système étudié et les incertitudes concernant le futur viennent surtout des facteurs socio-économiques. Il est un fait que l'avenir des systèmes écologiques est étroitement lié à celui des sociétés, mais la connaissance précise des systèmes écologiques reste le plus souvent un vœu pieux !

Des démarches possibles

Il n'y a pas de recettes de cuisine pour explorer le futur en écologie. Et il ne faut probablement pas attendre trop de précision dans une telle démarche ! Seule certitude, dans ce domaine d'incertitude : le futur n'est pas un retour sur le passé !

Les modèles

À l'image des physiciens, certains écologues estiment que la nature est réductible à des modèles. C'est très tendance et, dans le monde scientifique, ça fait sérieux ! La modélisation est la recherche d'une expression simplifiée de la complexité de la nature qui permette de décrire son fonctionnement. On fait le pari, non démontré, que cette simplification du réel autorisera des prédictions dont la précision dépend néanmoins des hypothèses qui sont faites et de la qualité des données disponibles. Mais il n'est pas prouvé que l'utilisation de modèles donne de meilleurs résultats que l'expérience d'un expert ! Simultanément, il n'est pas prouvé non plus qu'avec plus de recherche la réponse aurait été plus pertinente.

On peut citer ce constat du secrétariat de la Convention sur la diversité biologique (2010) : « Les modèles quantitatifs ne doivent pas être considérés comme capables de prédire l'état futur de la biodiversité et des services écosystémiques. De grandes incertitudes sur les trajectoires futures des facteurs de changement directs et indirects de la biodiversité et des services écosystémiques excluent la possibilité de faire des prédictions sur plusieurs décennies ».

En d'autres termes, si la modélisation est une démarche à la mode et qui présente aux yeux des néophytes un semblant de rigueur scientifique, on n'a pas de raisons de penser qu'elle donne des résultats plus fiables que l'intuition de l'expert qui connait bien son terrain.

Donner plus de crédit aux observations de terrain

On peut travailler « hors sol » derrière son ordinateur ou bien arpenter jour après jour son terrain de jeu, deux attitudes extrêmes chez les écologues. Le plus souvent, les scientifiques « modélisateurs » travaillent sur des théories générales et des hypothèses pas toujours validées, issues de la littérature. Ils n'ont qu'une connaissance limitée du terrain et de la diversité des conditions locales. On peut donc s'interroger sur leurs réelles capacités à faire des prédictions pertinentes aux échelles locales, ce qui nécessite d'avoir une bonne connaissance du contexte (Hansson, 2003).

Au lieu de rechercher obstinément l'existence de lois générales et d'essayer de les appliquer à tout propos, ne serait-il pas plus inté-ressant de s'appuyer beaucoup plus sur les observations qui sont en grande partie la raison d'être de l'écologie ? Et de redonner ainsi un peu de lustre aux études descriptives... À condition bien entendu de pouvoir bancariser et gérer les nombreuses études réalisées dans divers types de milieux. C'est, d'une certaine manière, redonner sens à la démarche inductiviste... En effet, pour beaucoup d'écologistes ayant fait leurs classes sur le terrain, la perception physique du milieu (on pourrait même parler d'imprégnation) et la réflexion associée à l'interprétation des données d'observation sont souvent à l'origine de modèles conceptuels concernant la structure et le fonctionnement du milieu étudié. Cette démarche a un nom : l'inductivisme. À partir de l'analyse des faits, on construit des hypothèses ou des théories. De la connaissance des effets, on essaie de remonter aux causes. Cette démarche s'oppose à la démarche hypothético-déductive qui privilégie les hypothèses à partir desquelles on déduit des prédictions que l'on peut ensuite tester (ou tenter de tester !) par l'observation et/ou l'expérience.

Avec l'idée de renvoyer les écologues sur le terrain, Hansson (2003) suggère notamment de :
– rechercher dans un contexte donné s'il y a des réponses communes des communautés et des systèmes écologiques aux principaux gradients environnementaux ou à certains types de perturbations ; tout écologue de terrain a dans ses cartons des informations de ce type : le peuplement X évolue de telle ou telle manière selon qu'il y a plus ou moins d'eau par exemple ;
– mener des approches comparatives le long de gradients climatiques géographiques ou d'habitats (démarche synchronique) ;
– et/ou, comme le propose Lawton (2000), étudier moins de systèmes écologiques mais de manière plus approfondie afin de mieux comprendre les mécanismes à l'œuvre. Une telle proposition suppose évidemment un changement dans la culture écologique traditionnelle du « chacun dans son jardin », qui se traduit pas la balkanisation des recherches. Mais aussi un changement dans la manière de gérer la recherche en écologie…

En d'autres termes, et comme c'est le cas pour d'autres sciences telles que la géologie, il faut redonner plus d'importance aux observations de terrain, à l'étude des trajectoires des systèmes écologiques, à leurs confrontations dans des contextes donnés, de manière à voir se dégager d'éventuelles tendances. Certes, ces études mettent souvent en évidence des corrélations entre facteurs qu'il faut analyser avec soin, car corrélation n'est pas démonstration et il n'y a pas nécessairement de relation de cause à effet… Mais l'écologie se doit d'examiner ces corrélations dans un contexte multicritères et dans différentes situations, pour s'assurer de leur intérêt. En sachant que certaines corrélations peuvent exister dans certains contextes et pas nécessairement dans d'autres.

La prospective et les scénarios

Le Millenium Ecosystem Assessment a conduit un exercice de prospective à l'échelle planétaire, afin de dégager des futurs possibles pour les milieux naturels et anthropisés, selon différents scénarios de gestion de l'environnement. Depuis, beaucoup s'y réfèrent, mais peu de chercheurs s'investissent réellement dans ce domaine… La prospective ne prétend pas prédire le futur, mais nous propose des visions du futur dans le cadre de politiques scientifiques et technologiques. Il s'agit d'élaborer des scénarios cohérents des anthroposystèmes à des horizons plus ou moins lointains et de les proposer à l'opinion publique afin de les discuter et de choisir les voies d'avenir souhaitées (Mermet, 2005). On reboucle ici avec les politiques de restauration.

Coreau (2009) fait le constat que les concepts et méthodes de la prospective, ce champ disciplinaire qui étudie les futurs, sont actuellement peu mobilisés en écologie. Les écologues utilisent surtout la construction de prédictions modélisées, alors que les prospectivistes utilisent aussi des méthodes qualitatives telles que les récits. « Les écologues utilisent majoritairement une démarche réductionniste face à des systèmes écologiques complexes. De plus, ils ne reconnaissent pas toujours la spécificité des objets futurs par rapport aux objets passés et présents. Ces deux constats semblent les principales raisons de l'utilisation majoritaire de la prédiction en écologie. La construction exploratoire de conjectures fondées principalement sur des récits pour étudier les futurs possibles montre par ailleurs que les futurs écologiques peuvent être multiples. L'incomplétude des connaissances, le caractère aléatoire de certains évènements, et la multiplicité des théories existantes, sont la source de paysages futurs diversifiés. » (Coreau, 2009).

Le peu d'intérêt porté jusqu'ici par les écologues à la démarche prospectiviste prônée par Mermet et Coreau a des explications. D'une part, ce n'est pas dans leur culture alors que la modélisation exerce toujours une certaine fascination chez les scientifiques. D'autre part, la prospective consommatrice de temps ne conduit pas souvent à des publications de rang A. Ce n'est donc pas valorisant sur le plan de la carrière ! Pourtant, la prospective est un formidable support à la réflexion multidisciplinaire et elle présente l'intérêt de ne plus séparer l'inséparable : les systèmes écologiques et les systèmes sociaux.

La question que l'on doit alors se poser est : devons-nous nous acharner à améliorer la capacité prédictive des modèles ou étendre et diversifier le répertoire des ressources méthodologiques ? Ces dernières peuvent évidemment concerner les scénarios, mais aussi la connaissance naturaliste accumulée localement.

Quelles perspectives ?

Prédire l'évolution des systèmes écologiques est donc un exercice difficile. Les prédictions ne sont pas toujours possibles, ni fiables, car les systèmes écologiques ne sont pas stationnaires et leur trajectoire est sous la contrainte de nombreux paramètres dont l'influence relative peut varier dans le temps et dans l'espace. En outre, beaucoup de prédictions s'appuient sur des scénarios dits tendanciels, qui extrapolent les tendances observées actuellement, mais deviennent de moins en moins fiables avec le temps, dans la mesure où des phénomènes aléatoires peuvent intervenir.

Pourtant, on dispose de modèles conceptuels et de données qui permettent parfois de cerner le champ des possibles. Ainsi, pour l'eutrophisation, qui est l'un des impacts les plus répandus sur les systèmes aquatiques, les diverses expériences acquises aussi bien sur le processus lui-même que sur les moyens d'y remédier, peuvent permettre de faire des prévisions en fonction de scénarios contrastés. Mais la question récurrente aux études écologiques est de savoir dans quelle mesure elles seront l'objet d'applications opérationnelles. On peut prédire que l'écologie ne pourra jamais prédire complètement les conséquences de nos actions au niveau écologique et évolutif écrivait P.H. Gouyon (2001). Et il poursuivait : « Mais quand les conséquences sont suffisamment claires pour qu'on puisse les prévoir, au moins qu'on essaie de faire attention ! »

Une recherche à la dérive ?

Il s'agit de savoir, une bonne fois pour toutes, si la France veut maintenir et développer une recherche en écologie qui soit moderne et compétitive sur le plan international. Si telle est sa volonté, il n'y a qu'une réponse : qu'elle s'en donne les moyens.
Lefeuvre, 1991

On ne peut pas parler de la recherche en écologie sans évoquer les conditions dans lesquelles elle est réalisée. Or l'organisation de la recherche en écologie des écosystèmes est depuis longtemps défaillante. J'aborderai ici deux aspects essentiels qui, à l'heure actuelle, constituent des freins, si ce n'est des points de blocage, pour sa mise en œuvre en France.

Publier ou périr : le cimetière des publications

La publication des résultats scientifiques soulève actuellement un grand nombre d'interrogations. Pour beaucoup, elles ne sont pas spécifiques à l'écologie mais elles font néanmoins partie des interrogations sur l'avenir de cette discipline.

Le « Dow Jones » des écologues

On est passé, en l'espace de quelques décennies, d'une évaluation basée sur la qualité des travaux réalisée par un évaluateur bien identifié (et à qui on peut donc demander des explications), à une évaluation indirecte basée sur des critères bibliométriques, renvoyant, de fait, le soin de l'évaluation à des arbitres (referees) et à des rédacteurs en chef de revues scientifiques. Il y a des raisons à cela, notamment une plus grande production scientifique, de plus en plus spécialisée, qui rend difficile l'évaluation par des non experts. On peut aussi ajouter l'utilisation plus fréquente de tests statistiques ou de méthodes mathématiques que peu de spécialistes sont à même d'évaluer. Il n'en reste pas moins que la carrière scientifique est maintenant pilotée par une sorte de « Dow Jones » scientifique.

Rappelons au lecteur peu familier du fait, que le facteur d'impact des revues est l'indicateur bibliométrique le plus connu. Il correspond au rapport entre le nombre de citations obtenues par une revue pendant deux ans et le nombre d'articles publiés par ce périodique pendant la même période. On classe les revues en fonction du facteur d'impact et le chercheur sélectionne la revue dans laquelle il veut publier sur la base du meilleur facteur possible compte tenu de son ambition scientifique. Le *Science Citation Index*® (SCI) qui évalue quant à lui le nombre de citations d'un article par d'autres auteurs est fréquemment utilisé lors de l'évaluation de travaux de recherche. On peut trouver sur le *Web of science*® des indices personnalisés mesurant les performances des chercheurs.

Il existe aussi un nouveau totem : le « facteur h » qui est un indicateur statistique destiné à mesurer la « valeur académique » du chercheur. Cet indicateur combine deux types de variables : le nombre d'articles publiés et le nombre de fois où ces articles ont été cités par d'autres. Cet indice est intégré sur les bases de données bibliométriques commerciales en ligne. On peut donc suivre en temps réel l'évolution de son facteur h et réagir en conséquence. Comme à la bourse ! Cet indice présente lui aussi bien des biais, mais qu'importe !

Le système a des failles et il a été largement critiqué pour son manque de scientificité, mais sans résultats. Statzner et Resh (2010), deux écologues renommés, ont analysé les causes et les conséquences de la politique actuelle de publication, en s'appuyant sur une enquête auprès d'une centaine d'écologues confirmés. Les principaux enseignements de ce travail sont les suivants :

– il y a une pression accrue des institutions pour publier plus d'articles et pour les publier dans des revues à facteur d'impact élevé ; il en résulte que les auteurs ont tendance à multiplier les articles en restreignant le contenu. Au lieu de publier un seul article, on le scinde en plusieurs parties : c'est la technique bien connue du saucissonnage… Et les revues poussent à la consommation en limitant la longueur des articles publiés ! Résultat : un encombrement des circuits de publication, la multiplication des revues et des articles, et une difficulté certaine à se tenir au courant dans son domaine de compétence du fait de l'inflation des publications ;

– on allonge par ailleurs la liste des auteurs. Ainsi, le nombre d'auteurs par article a presque doublé entre 1990 et 2009 dans la revue *Ecology*. C'est une autre technique : celle du donnant-donnant !

– les institutions qui gèrent la recherche se basent sur le facteur d'impact pour déterminer ce qu'est la « bonne recherche » et prendre leurs décisions en matière de financement. D'où l'importance croissante du facteur d'impact, aux dépens d'une politique scientifique qui suppose que l'on se fixe des objectifs et que l'on évalue les résultats au regard de ces objectifs ;

– la spécialisation de plus en plus grande des disciplines limite le nombre potentiel de spécialistes. Les éditeurs se reposent de plus en plus sur l'avis des relecteurs, dont le pouvoir sur la décision de publier ou non est de plus en plus grand. Or on observe une tendance des relecteurs à faire des commentaires inappropriés ou à refuser d'autres points de vue (cf. ci-dessous) ;

– les politiques éditoriales, pour limiter la longueur des articles, tendent à réduire le nombre de citations et à les limiter aux articles les plus récents. Le danger est alors de donner l'impression que l'on réinvente la roue, mais aussi d'inciter les auteurs à restreindre les citations aux journaux dans lesquels ils publient.

La conséquence la plus fâcheuse de l'évaluation des chercheurs sur des bases bibliométriques dans un système compétitif, c'est que le chercheur, pour faire carrière, doit en permanence améliorer ses scores (Tedesco, 2011). D'une part, il ne doit plus perdre son temps en taches non rentables (administration, travaux d'intérêt général, enseignement, animation d'équipe, etc.). D'autre part, il choisit ses thèmes de recherche non plus sur la seule base de leur intérêt scientifique, mais sur la possibilité de publier rapidement et de s'insérer dans la thématique ou la discipline à la mode pour avoir accès aux « bonnes » revues. On minimise ainsi la prise de risques !

Une évaluation de plus en plus discutable

Autre point délicat : les revues sont commerciales. Il faut donc faire de l'argent et se faire un nom dans le monde scientifique par le facteur d'impact qui doit être le plus élevé possible. On le fait notamment en faisant réviser les articles gratuitement par des scientifiques reconnus. Un système, lui aussi d'un autre âge, où le privé instrumentalise le public. En effet, le temps passé par un chercheur à réviser des articles est du temps pris sur son temps de recherche. Ou alors il fait des heures supplémentaires (une situation assez fréquente) et il devrait en être dédommagé comme tout un chacun. Quoi qu'il en soit, les bons referees (ceux qui donnent un avis pertinent sur la qualité scientifique des articles) sont rares et de plus en plus sollicités. Ce travail n'étant pas valorisé, ils refusent d'examiner de plus en plus d'articles. Et les éditeurs des journaux d'écologie qui ont des difficultés à identifier suffisamment de « bons » relecteurs sont de moins en moins regardants…

Pour faire une bonne évaluation il faut du temps et beaucoup de referees se contentent maintenant d'une simple lecture rapide, donnant un avis superficiel, en partie au gré de leur humeur ou de leurs convictions. Certains font des commentaires irréalistes, peu compatibles avec le travail réalisé ; d'autres ont des idées bien arrêtées quant aux méthodes ou aux analyses qui doivent être réalisées. On en vient parfois à refuser une publication pour rejeter les idées qu'elle défend, plutôt que d'accepter et d'encourager la discussion. Une forme de censure s'instaure ainsi : on laisse à des individus le soin de juger des travaux de manière lapidaire, sans contrôle sur la qualité de leur jugement, ni beaucoup de recours possibles de la part des auteurs. Il faut aller vite pour écluser le stock de manuscrits en attente. Sans oublier que le scientifique français, qui a pris soin de faire relire son travail (en anglais) par un collègue anglophone, se voit couramment invité à revoir son anglais approximatif ! Un grand classique en la matière ! Il y a, de manière plus insidieuse, des journaux qui refusent des travaux qui ne sont pas « politiquement corrects », c'est-à-dire qui correspondent à leur ligne éditoriale et à leur vision de la science. Ainsi, les travaux sur la biodiversité dont le résultat ne va pas dans le « mainstream » de la pensée conservationniste, très en vogue outre Atlantique, sont plus souvent refusés que les autres.

On fait aussi de l'argent par la politique éditoriale. En faisant un peu de provocation, il y a les journaux « people » type *Nature* ou *Science* qui n'hésitent pas à mettre en avant des titres chocs. Et à publier des articles discutables. Mais c'est tellement tendance de publier chez eux…

Il est facile dans ce contexte de comprendre pourquoi, en écologie, on fait moins de terrain, on favorise les recherches en microcosmes, on privilégie l'écologie théorique ou virtuelle basée sur des modèles, etc. Bref, de manière générale, on va au plus rentable pour publier ! Pas question de se poser des questions qui impliquent l'observation à long terme, il faut des résultats rapides ! Pas question de perdre son temps à récolter de nouvelles données sur le terrain. Mais on est avide, en revanche, des longues séries de données déjà disponibles ! Pas question non plus, avec cet état d'esprit de prendre des risques sur des thématiques non balisées. Il n'y a que les seniors, moins concernés par leur carrière, qui peuvent le faire à condition qu'ils n'aient pas été stérilisés par les charges administratives. La recherche scientifique, qui était perçue par de nombreux scientifiques de ma génération comme une aventure intellectuelle passionnante, se résume de plus en plus à une démarche de « trader »… Mais ici également, ne généralisons pas. Il existe encore de jeunes chercheurs qui croient en leur métier !

Une politique scientifique défaillante pour l'écologie des écosystèmes

La recherche sur les écosystèmes nécessite une organisation et un suivi. Il faut en effet coordonner l'intervention de différentes disciplines, fournir les moyens d'observations, s'assurer de la cohérence des activités, etc. Malgré les rapports d'experts dénonçant la balkanisation des recherches en écologie, l'université et les organismes de recherches (notamment le CNRS qui jouait un rôle phare au cours des dernières décennies) n'ont pas été capables de mettre en place une recherche organisée sur les écosystèmes, à quelques exceptions près.

L'absence de perspective à long terme

Il est possible que les animateurs de l'écologie, issus pour beaucoup de la biologie des populations, n'aient pas eu très envie d'assurer une telle organisation, d'autant qu'elle était potentiellement gourmande en crédits et en postes. Une autre raison avancée est la difficulté de planifier des investissements sur le long terme, ce qui cadre mal, dit-on, avec les procédures budgétaires. Argument spécieux quand on sait que dans d'autres domaines (géophysique, climatologie, astronomie), il existe des observatoires pérennes et du personnel dédié à ce type d'activité à long terme. Mais l'écologie est encore une science trop jeune qui n'a manifestement pas acquis un rang suffisant dans la hiérarchie scientifique pour avoir ces facilités ! La notion de grand équipement et la nécessité de coordonner les programmes autour d'outils partagés n'est pas non plus culturelle, en particulier chez les écologistes continentaux, à l'inverse de leurs collègues océanographes hauturiers qui doivent planifier plusieurs années à l'avance leurs campagnes en mer. L'absence de grand équipement partagé qui oblige à la concertation explique probablement la balkanisation de l'écologie.

Toujours est-il que la recherche française a manqué de volonté et de discernement en matière de politique scientifique pour organiser la recherche sur les écosystèmes. Fort heureusement, quelques équipes ont eu l'opportunité de s'investir sur le long terme dans le cadre de suivis écologiques commandités par des partenaires extérieurs et le plus souvent liés à l'application de mesures réglementaires. C'est le cas pour le suivi des rejets des centrales nucléaires sur le Rhône et la Garonne réalisé par des équipes universitaires et de Irstea (ex-Cemagref) pour le compte d'EDF. C'est aussi le cas pour le lac Léman dans le cadre de la Commission internationale pour la protection des eaux du Léman (CIPEL). Ces suivis font l'objet de valorisations fort intéressantes. Mais il s'agissait de situations conjoncturelles, non planifiées par les gestionnaires de la recherche. Pourtant d'autres pays, à l'instar des États-Unis, ont compris l'intérêt d'un tel investissement. Après avoir financé les sites *Long Term Ecological Research* (LTER), ils mettent en place le programme NEON (voir encadré).

Le projet NEON

Aux États-Unis, il aura fallu plus de 10 ans pour mettre en place un réseau reliant une soixantaine de sites d'observations écologiques répartis sur tout le territoire afin de collecter des informations sur le climat, la biodiversité, les ressources naturelles, l'occupation des terres, etc. Ce projet dénommé NEON (National Ecological Observatory Network) est financé par la National Science Foundation et vise à récolter et synthétiser des informations sur une période de 30 ans, et à les rassembler dans une banque de données où elles seront accessibles aux scientifiques.

Ces sites ont été sélectionnés pour représenter différentes régions biogéographiques et différents écosystèmes. Les données collectées concerneront le climat et l'atmosphère, les sols, les cours d'eau et les plans d'eau, ainsi qu'une diversité d'organismes (micro-organismes, végétaux, animaux). NEON commencera à implanter les sites en 2012, mais il faudra 5 ans pour mettre en place le réseau complet.

Le rêve d'une organisation adaptée avait été ébauché par le Programme interdisciplinaire de recherche sur l'environnement (PIREN) mis en place dans les années 1980 par le CNRS et qui fut, sous des formes diverses, maintenu jusqu'en 2003. C'était une démarche tout à fait innovante à l'époque (Jollivet, 2001). Le PIREN a promu une série de programmes, notamment sur les grands fleuves : PIREN-Rhône, PIREN-Alsace, PIREN-Garonne, puis PIREN-Seine fin 1980. D'autres programmes concernaient également les milieux terrestres, à l'exemple du PIREN-Causses Cévennes. Si le pilotage de ces programmes était surtout assuré par les sciences écologiques ou par les sciences physiques, quelques chercheurs en sciences sociales ont commencé à s'investir dans ces recherches

À la fin des années 1990, c'est le Programme environnement, vie et sociétés (PEVS) du CNRS, héritier du PIREN, qui reprendra et formalisera la notion de « zone atelier », ébauchée quelques années auparavant par le GIP « Hydrosystèmes » et développera le concept d'anthroposystème. Les zones ateliers sont des plateformes de recherches centrées sur des ensembles régionaux ayant une certaine unité fonctionnelle (Lévêque et Van der Leuuw, 2003). L'objectif est de rassembler les compétences scientifiques multidisciplinaires et les moyens techniques nécessaires aux études à long terme, en associant, dès le départ, les gestionnaires et utilisateurs des résultats de la recherche. Avec ces zones ateliers, on souhaite promouvoir la pérennisation des équipes multidisciplinaires, le développement des instruments d'observation et de mesure aux différentes échelles, en privilégiant la dimension régionale et gérer les données recueillies sur le long terme (mémoire environnementale).

Mais les appétits disciplinaires reprennent une fois de plus le dessus. Loin d'une réflexion sereine sur la programmation multidisciplinaire, le CNRS-INSU s'engage une nouvelle fois en 2001, dans une tentative d'OPA du champ de l'environnement au niveau national, en proposant la mise en place de l'INSU-Environnement qui ne verra jamais le jour car aucun organisme de recherche ne souhaitera bien entendu se séparer de ce champ de recherche en pleine expansion (Muxart, 2004). Simultanément, le CNRS met fin à l'expérience des programmes interdisciplinaires de recherche (PIR). Le PEVS est le dernier des programmes interdisciplinaires à disparaitre en 2003, les départements INSU et Sciences de la Vie se disputant les dépouilles. Peu importe l'intérêt scientifique et organisationnel, l'important pour chacun des départements était d'étendre son empire et, disons-le tout net, de récupérer les financements du PEVS soupçonné par les dirigeants de l'époque de mener une recherche de qualité médiocre car multidisciplinaire ! Le champ de l'environnement au CNRS entre alors dans une période de turbulence, alors qu'il s'organise dans d'autres instituts de recherche comme l'Inra et le Cemagref.

Ce qu'il est important de souligner néanmoins, c'est que le principe des zones ateliers, ne bénéficiant que marginalement des appuis nécessaires de la part du CNRS, se maintient encore, prouvant par la même tout l'intérêt à la fois scientifique et structurant de ce type de démarche. Le PIREN-Seine, la zone atelier Bassin du Rhône (ZABR) en sont les émanations les plus connues. D'autres structures similaires ont également vu le jour, à l'exemple du GIP Seine-Aval centré sur l'estuaire de la Seine. Mais le plus grand organisme de recherche français, qui avait été en pointe dans la programmation multidisciplinaire, s'est englué dans des querelles de clochers et a perdu sa crédibilité. On aurait pu attendre mieux en matière de pilotage de la recherche !

Des financements de la recherche inadaptés

La recherche française en écologie souffre également de la multiplication des appels d'offre au détriment des financements récurrents, obligeant ceux qui travaillent sur le long terme à des débauches d'énergie pour financer leurs recherches… à court terme. Cette situation n'a fait qu'empirer avec la mise en place de l'Agence nationale pour la recherche (ANR) en 2005.

Pour fonctionner, les équipes sont amenées à répondre à plusieurs appels d'offres qui visent chacun un objectif spécifique, cognitif ou finalisé. Avec les appels d'offres, il s'agit, dit-on, de donner plus de souplesse à la recherche française. En réalité, cette situation a pour conséquence le pilotage de la recherche par la nature des appels d'offres, ainsi que par les programmes finalisés financés par les partenaires privés, en fonction des opportunités…

Le principe des appels d'offres peut être utile pour orienter la recherche à condition qu'un équilibre soit respecté dans les financements de manière à assurer une continuité de la recherche. Le plus souvent, ce mode de financement cadre mal avec le besoin de réaliser des travaux à long terme sur des sites instrumentés qui nécessitent un entretien permanent, avec du personnel dédié. Les observatoires astronomiques, géophysiques, météorologiques, disposent de ces facilités. Pourquoi pas l'écologie ?

Si vous n'avez pas tout lu, ou compris

> *Nous avons besoin de défricheurs, d'éveilleurs,*
> *pas de rabat-joie déguisés en pythies.*
> *Nous avons besoin de nouvelles frontières*
> *pour les franchir, pas de nouvelles prisons pour y croupir.*
> *L'humanité ne s'émancipera que par le haut.*
>
> Bruckner, 2011, p. 275

L'écologie est une science d'observation, en partie empirique, qui relève plus du « bricolage » et du jardinage que de la physique newtonienne. L'écologie scientifique n'est d'ailleurs pas un ensemble monolithique. Elle présente de multiples visages qui se regroupent, de manière schématique, autour de la démarche réductionniste qui privilégie la biologie et la dynamique des populations, et la démarche systémique (ou holistique) qui cherche à comprendre comment fonctionnent et évoluent les systèmes écologiques. Cette dernière, largement minoritaire, est fortement sollicitée actuellement dans le cadre des projets d'aménagement et de restauration des territoires, et en matière de conservation de la biodiversité. Un rôle qu'elle a du mal à assumer pour des raisons à la fois conceptuelles et organisationnelles.

Des paradigmes à revisiter

L'écologie scientifique a engagé sa crédibilité sur son aptitude à conseiller la société en matière de gestions des milieux naturels. Cette réflexion passe nécessairement par une clarification des concepts et des termes utilisés. L'écologie abuse de l'utilisation de termes flous, ou ambigus, de mots valises où chacun croit trouver ce qu'il vient y chercher. Peters (1991) avait déjà attiré l'attention il y a plus de 20 ans sur la vacuité de nombreux termes et de nombreuses théories en écologie. Sans beaucoup de résultats semble-t-il.

L'écologie, longtemps fascinée par la physique newtonienne, n'a pas réussi, comme cette dernière, à dégager des lois simples et universelles. Et pour cause… Le fonctionnement des systèmes écologiques est fortement contingent de l'histoire et des conditions locales, même si certains processus ont bien évidemment une portée universelle. En revanche, dans le domaine des systèmes aquatiques continentaux par exemple, nous disposons de modèles conceptuels d'organisation et de fonctionnement des systèmes qui permettent de structurer la réflexion et l'action.

Si le principe de l'état d'équilibre des écosystèmes est largement remis en cause en écologie, on continue malgré tout à y faire référence, notamment chez les gestionnaires et dans le public. Or les systèmes écologiques ne sont pas statiques : leurs dynamiques s'inscrivent sur des trajectoires dont l'orientation est contrôlée à la fois par des paramètres biophysiques et des paramètres socio-économiques. Le paradigme de la « trajectoire » a du mal à s'affirmer, en partie parce nous manquons encore d'outils permettant de le formaliser. Mais il faut reconnaître aussi que beaucoup de mouvements de protection de la nature parlent d'équilibre et d'harmonie de la nature, et que certaines réglementations ont, elles aussi, une approche fixiste de la nature.

Une science qui doit s'affranchir des idéologies

L'écologie est instrumentalisée par l'écologie politique, les mouvements conservationnistes et l'économie. Le discours écologique qualifié de « scientifique » est en réalité souvent teinté de jugements de valeur et d'*a priori* idéologiques.

Ainsi, des mouvements conservationnistes fortement écocentrés colportent, à des degrés divers, l'idée que l'homme est responsable de la dégradation de la nature et qu'il existerait un milieu naturel idéal en l'absence d'activités humaines. La réalité, en Europe, est que la plupart des systèmes écologiques, sont le produit d'une histoire géologique et climatique (les glaciations) et d'une co-évolution homme-nature, portant la marque des différentes cultures qui ont façonné l'espace agricole et industriel depuis des millénaires. Si l'action de l'homme est loin d'être exempte de critiques, on doit reconnaître que les milieux créés par l'homme en Europe ne sont pas tous « dégradés ». Certains, à l'exemple de la Camargue sont même des hauts lieux de naturalité. Et notre milieu rural est perçu, de manière générale, comme un milieu « naturel » par les citoyens.

Quant à l'écologie politique porteuse d'un projet pour la société, elle développe une vision arcadienne et romantique de la nature avec laquelle nous devrions vivre en harmonie. Elle rejoint par certains aspects les mouvements conservationnistes, malgré une démarche plus anthropocentrée. Ce faisant, les mouvements de conservation de la nature comme l'écologie politique ne retiennent de l'écologie scientifique que les résultats qui leur conviennent, passant sous silence ceux qui ne rentrent pas dans leurs projets.

L'économie, quant à elle, voudrait résumer l'écologie à des flux monétaires. Si l'aspect heuristique des notions de biens et de services rendus par les systèmes écologiques est indéniable, leur formalisation relève de l'utopie. Pourtant nous voyons s'ouvrir, comme pour les biotechnologies, un vaste marché lié au principe de compensation, dans le cadre des activités dites de restauration, avec tout l'arsenal économique et juridique afférent.

L'écologie scientifique entretient ainsi des relations sulfureuses avec ces différentes idéologies. Certains écologues surfent sur la vague de la dramatisation, ou rentrent dans le jeu des lobbies conservationnistes et politiques, soit par conviction (auquel cas on s'interroge sur l'aspect déontologique de leur carrière), soit parce qu'ils y trouvent un profit médiatique ou économique. L'écologie perd ainsi peu à peu son statut de « science » pour devenir l'instrument d'enjeux politiques et économiques, mais aussi d'enjeux de pouvoir dans des jeux d'acteurs qui cherchent à imposer leurs vues à la société.

Une science qui doit retrouver le chemin du terrain

L'écologie est fondamentalement une science d'observation des systèmes naturels, au même titre que la géologie, ou la géographie physique, avec lesquelles elle présente des affinités. Occasionnellement, elle peut faire l'objet d'expérimentations en vraie grandeur. Parfois aussi les écologues peuvent profiter de certaines opérations d'aménagement ou de restauration pour étudier les réactions des systèmes écologiques et de leurs composantes.

Pour des raisons de stratégie de publication, de manque de financement, mais aussi de mode, l'écologie devient de plus en plus une science virtuelle. Les acquisitions de données se font de plus en plus rares car les gestionnaires trouvent que c'est trop cher et les chercheurs ne veulent plus perdre leur temps dans des campagnes de prélèvements qui ne valorisent pas leur carrière et leurs font perdre un temps précieux dans la compétition pour publier. Les recherches se mènent de plus en plus dans le milieu clos des laboratoires, en maintenant au mieux des contacts épisodiques avec le terrain. On assiste ainsi à une inflation de recherches dites théoriques, privilégiant les mathématiques (c'est plus chic) et les recherches en microcosmes (c'est plus simple). L'écologie y perd ainsi son âme de science d'observation. Les soi-disant théories qui en découlent sont le plus souvent défi-cientes quand on les confronte aux réalités du terrain.

Paradoxalement, on assiste simultanément à une sophistication de plus en plus grande des méthodes d'analyses de données. Un fossé se creuse entre cette sophistication et la qualité des données écologiques. Ces dernières sont très souvent contingentes des conditions locales, de la date et du lieu de récolte, de l'engin ou de la méthode utilisée, etc. Autant de raisons pour prendre un peu de recul dans les analyses et leur interprétation. Autant de raisons également pour rester modestes et éviter des amalgames et des généralisations hâtives.

Une science au service de la société

L'écologie n'est pas seulement une science cognitive puisqu'elle s'est fortement impliquée sur le plan opérationnel. Que ce soit dans le domaine de la restauration écologique, de la préservation de la biodiversité, ou de la prospective face aux changements globaux, l'écologie prétend conseiller la société dans ses choix et ses orientations. Mais beaucoup s'interrogent sur sa capacité à jouer ce rôle.

En réalité, l'écosystème des écologues est un élément d'un ensemble interactif sociétés-milieux naturels. C'est pour se démarquer de l'approche purement naturaliste que l'on a introduit le concept d'anthroposystème. Le rôle des sciences de l'homme et de la société est tout aussi fondamental pour comprendre la dynamique de ces systèmes anthropisés que les connaissances biophysiques. La société, de manière générale, recherche une nature jardinée dont elle puisse tirer des bénéfices et débarrassée de ses nuisances. L'offre des écologues, souvent très idéologique elle aussi (le bon état par exemple), n'est pas nécessairement en phase avec ces attentes.

La société s'interroge aussi sur le futur des systèmes écologiques, notamment dans la perspective du changement climatique. Les trajectoires futures des anthroposystèmes sont non seulement contingentes des situations locales, mais présentent par ailleurs de fortes incertitudes. Ces incertitudes s'accroissent rapidement avec le temps, compte tenu des évènements aléatoires susceptibles d'intervenir à tout moment. Il est matériellement impossible de faire des prévisions fiables à l'échelle de quelques décennies. Il n'empêche que certains scientifiques laissent encore croire que c'est possible ! Très à la mode, la modélisation des systèmes écologiques, notamment, est loin d'être une panacée pour explorer le futur.

Une méga-science qui manque d'organisation

L'écologie des écosystèmes ne s'est pas encore affranchie de sa filiation historique avec les sciences de la vie. En réalité, elle doit revendiquer une triple paternité : celle des sciences du vivant, celle des sciences de la Terre et celle des sciences de la société. Mais jusqu'ici, la recherche académique française n'a guère été capable de gérer, dans la durée, cette triple appartenance. En réalité, chacun de ces grands champs disciplinaires a voulu s'approprier l'écologie, dans une lutte où les enjeux de pouvoir l'emportaient largement sur les objectifs scientifiques.

L'écologie est une méta-discipline, qui nécessite la mobilisation de nombreuses compétences disciplinaires, sur des objets ou des thématiques de recherche concernant la dynamique spatiale et temporelle des anthroposystèmes. Ce dont nous avons besoin c'est d'une démarche scientifique qui soit capable d'intégrer des informations d'origines diverses, qualitatives comme quantitatives. Ces informations nous sont fournies en partie par des disciplines établies (hydrologie, pédologie, géomorphologie, biogéochimie, biologie, sociologie, histoire, économie, etc.) mais sous une forme généralement sectorielle. Ce type de démarche scientifique n'a pas réellement d'équivalent dans l'ensemble des disciplines académiques actuellement reconnues, si ce n'est peut-être avec l'épidémiologie.

Pour jouer le rôle de science intégrative, l'écologie doit s'organiser et se structurer de manière différente. Science d'observation, elle a besoin de mener des observations à long terme pour étudier la trajectoire des anthroposystèmes. Elle a également besoin de capitaliser et de gérer de grandes quantités de données. Sinon, elle est vouée à la déshérence et à la balkanisation.

Un tel type d'organisation n'est pas une vue de l'esprit puisqu'il existe déjà en astronomie, en géophysique, en météorologie… Ces dernières disciplines ont pu se développer autour d'outils structurants et de bases de données. L'écologie des écosystèmes également souffre d'un manque criant de grands équipements jouant un rôle fédérateur et structurant.

Regards vers l'avenir ?

L'écologie scientifique doit avoir des grandes ambitions pour sortir du marasme actuel. L'une d'entre elles est de retrouver le chemin de la science et de prendre ses distances par rapport aux discours médiatiques et dramatisants. La nature n'est ni bonne, ni mauvaise, elle est indifférente. L'écologie doit présenter le plus objectivement possible les conséquences des actions de l'homme, qu'on les considère négatives ou positives selon nos critères. Elle doit surtout afficher beaucoup plus clairement que les milieux sur lesquels elle travaille sont des systèmes anthropisés. Elle n'a pas à entretenir la nostalgie des systèmes vierges qui relèvent le plus souvent de la mythologie, mais à travailler dans la perspective d'une meilleure co-évolution (sur la base de critères locaux à débattre) entre les milieux naturels et les activités humaines. Il existe un risque évident à prendre ses distances avec les lobbies politiques ou conservationnistes : celui de perdre une partie de son audience et de ses soutiens. Mais en matière de crédibilité scientifique, on peut s'étonner que l'on ne dénonce pas les fréquents conflits d'intérêt entre les écologues et les lobbies politiques et conservationnistes.

L'avenir dépend pour beaucoup de la manière dont on organisera la recherche en écologie. En l'absence d'une meilleure organisation, et face à la complexité des problèmes auxquels l'écologie est confrontée, on doit s'attendre à beaucoup de désillusions quant aux capacités de l'écologie à répondre aux questions de la société, et il en résultera un immense gâchis d'argent et de talents. Quelques raisons d'espérer résident, par exemple, dans des structures régionales de type « zones ateliers » qui perdurent malgré le peu d'appui que leurs accordent les organismes de recherche.

Vers une écologie de synthèse ?

Terminons par un saut dans le futur. On voit actuellement monter en puissance la biologie synthétique qui vise à construire de nouveaux systèmes biologiques, différents de ceux que nous connaissons, en appliquant à la biologie des principes d'ingénierie (séquençage de l'ADN, synthèse de gènes, modélisations mathématiques, etc.). Dans le détail, on distingue la biologie systémique qui permet de mieux comprendre les interactions et interdépendances entre les constituants de la cellule en intégrant les différentes approches analytiques, et la biologie de synthèse qui se propose de simuler le fonctionnement de systèmes complexes pouvant aboutir à la création de nouveaux systèmes. Des perspectives qui suscitent, on s'en doute, de nombreuses questions scientifiques, éthiques et politiques[5].

Avec un peu d'imagination, on peut suggérer un certain parallélisme en écologie. Ainsi, l'écologie des écosystèmes a pour objet de comprendre le fonctionnement de systèmes écologiques complexes (à un niveau d'intégration bien supérieur

---

5. L'Office parlementaire des choix scientifiques et techniques (OPECST) a adopté le 8 février 2012 le rapport sur *Les enjeux de la biologie de synthèse* rédigé par Geneviève Fioraso, députée de l'Isère.

à celui de la cellule, évidemment), en intégrant différentes approches sectorielles. Quant à l'ingénierie écologique, elle nous permet d'envisager de créer de nouveaux écosystèmes artificiels, soit à l'image de ceux que nous connaissons, soit entièrement nouveaux. Nous voyons déjà, par exemple, que nombre de parcs et jardins sont constitués d'espèces introduites, venues de différents continents, qui auraient eu peu de chances de cohabiter sans l'intervention de l'homme. Nous voyons aussi, avec la phytoremédiation, la création de nouveaux systèmes écologiques liés à des pollutions chimiques. Certes, nous sommes encore loin d'une démarche aussi élaborée que celle de la biologie de synthèse et l'ingénierie écologique relève plutôt, à l'heure actuelle, du domaine du savoir-faire et du bricolage. Mais rien n'interdit de penser que l'on puisse aller plus loin et que de nouveaux écosystèmes pourront aussi être créés en utilisant, par exemple, les nouveaux systèmes biologiques issus de la biologie de synthèse.

Références bibliographiques

ABBADIE L., LATELTIN E., 2004. Biodiversité, fonctionnement des écosystèmes et changements globaux. *In : Biodiversité et changements globaux : enjeux de société et défis pour la recherche* (Barbault R., Chevassus-au-Louis B., Teyssèdre A., eds), ministère des Affaires Étrangères – ADPF, Paris, 80-93.

AMOROS C., PETTS G.E., 1993. *Hydrosystèmes fluviaux.* Collection d'écologie, n° 24, Masson.

AUBERTIN C., 2005. *Représenter la nature : ONG et biodiversité,* IRD Éditions.

AUBERTIN C., RODARY E., 2008. *Aires protégées, espaces durables ?* IRD Éditions.

AUBERTIN C., PINTON F., BOISVERT V., 2007. *Les marchés de la biodiversité,* IRD Éditions.

BARNAUD G., FUSTEC E., 2007. *Conserver les Zones humides : pourquoi ? Comment ?* Éditions Quae.

BARNAUD G., CHAPUIS J.-L., 2004. Ingénierie écologique et écologie de la restauration : spécificités et complémentarités. *Ingénieries Eau – agriculture – territoires,* numéro spécial, 123-138.

BEISEL J.N., LÉVÊQUE C., 2010. *Introductions d'espèces et invasions biologiques dans les systèmes aquatiques,* Éditions Quae.

BERGANDI D., 1995. *Limites et possibilités de l'approche holiste dans la théorie des systèmes écologiques.* Thèse de Philosophie des sciences, Muséum national d'Histoire naturelle, Paris.

BERGANDI D., BLANDIN P., 1998. Holism vs. Reductionism: do Ecosystem Ecology and Landscape Ecology clarifiy the Debate ? *Acta Biotheoretica,* 46, 185-206.

BIEGALA I.C., RAIMBAULT P., 2008. High abundance of diazotrophic picocyanobacteria (<3 µm) in a Southwest Pacific coral lagoon. *Aquat. Microb. Ecol.,* 51, 45-53.

BLANDIN P., 2009. *De la protection de la nature au pilotage de la biodiversité,* Éditions Quae.

BOULEAU N., 1999. *Philosophie des mathématiques et de la modélisation*. l'Harmattan.

BOULEAU, G., ARGILLIER C., SOUCHON Y., BATHÉLÉMY C., BABUT M., 2009. How ecological indicators construction reveals social changes – the case of lakes and rivers in France. *Ecological Indicators*, 9 (6), 1198-1205.

BRAVARD J.-P., 2006. La lône, l'aménageur, l'écologue et le géographe, 40 ans de gestion du Rhône. *Bulletin de l'association des géographes français*, 3, 368-380.

BROWN J.H., 1989. Patterns, modes end extents of invasions by vertebrates. *In : Biological invasions, a global perspective* (Drake J.A. *et al.*, eds), Wiley, New York, pp. 85-109.

BROWN J.H., SAX D.F., 2005. Biological invasions and scientific objectivity: Reply to Cassey *et al.* (2005). *Austral Ecology*, 30, 481-483.

BRUCKNER P., 2011. *Le fanatisme de l'Apocalypse. Sauver la Terre, punir l'Homm*e, Grasset.

CARPENTER S.R., 1996. Microcosm experiments have limited relevance for community and ecosystem ecology. *Ecology*, 77, 677-680.

CARPENTER S.R., DEFRIES R., DIETZ T., MOONEY H.A., POLASKY S., REID W.V., SCHOLES R.J., 2006. Millenium Ecosystem Assessment : research needs. *Science*, 314, 257-258.

CHAPMAN P.M., 1992. Ecosystem health sysnthesis : can we get there from here ? *Journal of Aquatic Ecosystem health*, 1, 69-79.

CHAPUIS J.L., BARRE V., BARNAUD G., 2001. Principaux résultats scientifiques et opérationnels. Recréer la nature. Réhabilitation, restauration et création d'écosystèmes. Programme national de recherche. MATE, MNHN, 173 p. + annexes.

CHAPUIS J.-L., DECAMPS H., BARNAUD G., BARRE V., 2002. Programme national de recherche « Recréer la nature » : réhabilitation, restauration et création d'écosystèmes, Actes du colloque de Grenoble (11-13 septembre 2001). *Rev. Ecol. Terre Vie*, suppl. 9, 1-261.

CLAEYS C., SIROST O., 2010. Proliférantes natures. *Études rurales*, 185.

Clewell A.F., Aronson J., 2010. *La restauration écologique*, Actes Sud.

Colinvaux P., 1982. *Invitation à la science de l'écologie*, Points sciences, Seuil.

Commissariat général au développement durable, 2010. Vers des indicateurs de fonctions écologiques : liens entre biodiversité, fonctions et services. *Le point sur...* n° 51, mai 2010.

Constanza R., d'Arge R., de Groot R., Farber S., Grasso M., Hannon B., Limburg K., Naeem S., O'Neill R.V., Paruelo J., Raskin R.G., Sutton P., van den Belt M., 1997. The value of the world's ecosystem services and natural capital. *Nature*, 387, 253-260.

Coquillard P., Hill D.R.C., 1997. *Modélisation et simulation d'écosystèmes : Des modèles déterministes aux simulations à événements discrets*, Masson, Paris, collection Écologie.

Coreau A., 2009. Dialogue entre des chiffres et des lettres. Imaginer et construire des futurs, thèse de doctorat.

Coreau A., Treyer S., Cheptou P.-O., Thompson J.D., Mermet L., 2010. Exploring the difficulties of studying futures in ecology: what do ecological scientists think ? *Oikos* 119, 1364-1376.

Cottet-Tronchere M., 2010. La perception des bras morts fluviaux. Thèse Université Jean Moulin Lyon 3.

Currie W.S., 2011. Units of nature or processes across scales ? The ecosystem concept at age. *New Phytologist*, 190, 21-34.

Dajoz R., 1996. *Précis d'écologie*, Dunod.

Davis M., Chew M.K., Hobbs R.J., Lugo A.E., Ewel J.J., Vermeij G.J., Brown J.H., Rosenzweig M.L., Gardener M.R., Carroll S.P., Thompson K., Pickett S.T.A., Stromberg J.C., Del Tredici P., Suding K.N., Ehrenfeld J.G., Grime J.P., Mascaro J., Briggs J.C., 2011. Don't judge species on their origins. *Nature*, 474, 153-154.

De Jouvenel B., 1964. *L'art de la conjoncture*, éditions du Rocher, Monaco.

Deléage J.P., 1991. *Une histoire de l'écologie,* Seuil (Paris), collection Point Science.

Di Castri F., 1983. *L'écologie. Les défis d'une science en temps de crise*, Ministère de l'Industrie et de la Recherche. La Documentation Française.

DOAK D.F., ESTES J.A., HALPERNE B.S., JACOB U., LINDBERG D.R., LOVVORN J., MONSON D.H., TINKER M.T., WILLIAMS T.M., WOOTTON J.T., CARROLL I., EMMERSON M., MICHELL F., NOVAK M., 2008. Understanding and predicting ecological dynamics: Are major surprises inevitable ? *Ecology*, 89, 952-961.

DUFOUR S., PIEGAY H., 2009. From the myth of lost paradise to targeted river restoration: forget natural references and focus on human benefits. *River Research and Applications*, 25 (5), 568-581.

EHRLICH P.R., EHRLICH A.H., 1981. *Extinction: The Causes and Consequences of the Disappearance of Species.* Random House, New York.

ÉVALUATION DES ÉCOSYSTÈMES POUR LE MILLÉNAIRE. MILLENNIUM ECOSYSTEM ASSESSMENT, 2005. Ecosystems and Human Well-being: Synthesis. Island Press, Washington, DC.

FABIANI J.-L., 1999. L'écologie de la restauration considérée comme mise en spectacle du patrimoine naturel. *Carnets du paysage*, 4, 80-95.

FOULQIER L., 2011. Le parcours des mots : le cas de la « résilience ». *Environnement Risque, Santé*, 10 : 412-416.

GENIAUX G., 2001. Le *Mitigation Banking* : un mécanisme décentralisé au service des politiques du no net loss. Publié dans *Actes et communications de l'Inra*, 17 (en ligne).

GOLLEY F., 1993. *A History of the Ecosystem Concept in Ecology: More than the sum of the parts*, Yale University Press.

GOUYON P.-H., 2001. *Les harmonies de la nature à l'épreuve de la biologie*, Éditions Quae.

GRIMM V., WISSEL C., 1997. Babel, or the ecological stability discussions: an inventory and analysis of terminology and a guide for avoiding confusion. *Oecologia*, 109 (3), 323-334.

GRIMOULT C., 2008. *Mon père n'est pas un singe ? Histoire du créationnisme*, Paris, Ellipses, 2008.

GUNNEL Y., 2009. *Écologie et société*, Armand Colin Collection U, Sciences humaines et sociales.

HANSSON L., 2003. Why ecology fails at application: should we consider variability more than regularity ? *Oikos*, 100 (3), 624-627.

HE F., HUBBELL S.P., 2011. Species-area relationships always overestimate extinction rates from habitat loss. *Nature*, 473, 368-371.

HENRY C.L., 1984. L'organisation de la Recherche et de la formation pour la maitrise écologique du territoire. Rapport à Madame Huguette Bouchardeau, Secrétaire d'État auprès du Premier ministre, Chargée de l'Environnement et de la Qualité de la Vie, 82 pp.

HERBERT P., 2000. *La vie*, vol. 2002. http://hebert.phil.free.fr/Aquarium/Vie/index.html.

HOLMGREN D., 2004. Book review of "Invasion Biology, critique of a pseudoscience". http://permacultureprinciples.com/downloads/38_review_invasion_biology.pdf.

INDERJIT D.A., WARDLE R.K., CALLAWAY R.M., 2011. The ecosystem and evolutionary contexts of allelopathy. *Trends in ecology and Evolution*, 25(12), 655-662.

JAX K., 2005. Function and "functioning" in ecology: what does it means ? *Oikos*, 111(3), 641-648.

JOLLIVET M., 2001. Un exemple d'interdisciplinarité au CNRS : le PIREN (1979-1989). *La Revue pour l'histoire du CNRS*.

JONAS H., 1990. *Le principe de responsabilité*, Éditions Le Cerf.

JONES B.F., 2009. *The Burden of Knowledge and the Death of the Renaissance Man. Is Innovation Getting Harder ?* Review of Economic Studies.

JORGENSEN S.E., 1997. *Integration of ecosystem theories: a pattern*, Kluwer Academic Publishers.

JOUVENTIN P., 1991. Compte-rendu de la journée de Prospective, le mercredi 20 mars 1991. L'écologie, vers une nouvelle politique scientifique ? *Bulletin d'Écologie*, 22(2), 253-256.

JUNK W.J., BAYLEY P.B., SPARKS R.E., 1989. The flood pulse concept in river-floodplain systems, in : D.P. Dodge (ed.) Proceedings of the International Large River Symposium. *Canadian Special Publication in Fisheries and Aquatic Sciences*, 106, 110-127.

KARR J., DUDLEY D.R., 1981. Ecological perspective on Water Quality Goals. *Environmental Management*, 5(1), 55-68.

KERVASDOUÉ J. DE, 2007. *Les prêcheurs de l'apocalypse*, Plon.

LAMOTTE M., BOURLIÈRE F., 1967. *Problèmes de productivité biologique*, Masson, Paris.

LAMOTTE M., BOURLIÈRE F., 1978. *Problèmes d'écologie : Structure et fonctionnement des écosystèmes terrestres*, Masson, Paris.

LAMOTTE M., BOURLIÈRE F., 1983. *Problèmes d'écologie : Structure et fonctionnement des écosystèmes limniques*, Masson, Paris.

LAWTON J.H., 1999. Are there general laws in ecology ? *Oikos*, 84, 177-192.

LAWTON J.H., 2000. Community ecology in a changing world. *Excellence in ecology*, 11.

LE LAY Y.F., PIEGAY H., COSSIN M. 2007. Les enquêtes de perception paysagère à l'aide de photographies. *L'Espace géographique*, 1, 51-64.

LEFEUVRE J.C., 1991. La recherche en écologie en France. Heur et malheur d'une discipline en difficulté. *Courrier de la Cellule Environnement de l'Inra*, 13, 17-26.

LEPS J., 2004. What do the biodiversity experiments tell us about consequences of plant species loss in the real world ? *Basic and Applied Ecology*, 5, 529-534.

LEPS J., 2005. Biodiversity and plant mixtures in agriculture and ecology. Proceedings of the 2nd COST 852 workshop held in Grado, Italy 10-12 November 2005. ERSA, Gorizia. pp. 13-20. http://botanika.bf.jcu.cz/suspa/pdf/Grado_Leps.pdf

LÉVÊQUE C., 2001. *De l'écosystème à la biosphère*, Dunod, Paris.

LÉVÊQUE C., 2008. *La biodiversité au quotidien. Le développement durable à l'épreuve des faits*, Éditions Quae.

LÉVÊQUE C., 2011. *La nature en débat*, Le Cavalier Bleu.

LÉVÊQUE C., MOUNOLOU J.C., 2008. *Biodiversité. Dynamique biologique et conservation*, 2ᵉ édition, Dunod.

LÉVÊQUE C., VAN DER LEUUW S., 2003. *Quelles natures voulons-nous ? Pour une approche socio-écologique du champ de l'environnement*, Elsevier, Paris.

LÉVÊQUE C., TABACCHI E., MENOZZI M.J., 2012. Les espèces exotiques envahissantes : pour une remise en cause des paradigmes écologiques. *Revue SET*, 6, 2-9.

LEVIN, 1999. *Fragile dominion: complexity and the commons,* Perseus Books, Reading, Massachusetts, États-Unis.

LINNÉ C., 1752. *In : Linné : l'équilibre de la nature.* Textes traduits par B. Jasmin, 1972, Vrin, Paris.

LIPIETZ A., 2000. L'écologie politique, remède à la crise du politique ? *AGIR. Revue générale de stratégie,* n° 3, mars.

MAGNUSON J.J., 1990. Long-term ecological research and the invisible present. *BioScience,* 40(7), 495-501.

MERMET L., 2005. *Étudier des écologies futures. Un chantier ouvert pour les recherches prospectives environnementales.* P.I.E. Peter-Lang, EcoPolis, Vol. 5, 411 p.

MORANDI B., PIEGAY H., 2011. Les restaurations de rivières sur Internet : premier bilan. *Nature, Sciences, Sociétés,* 19 (3), 224-235.

MORENO-MATEOS D., POWER M.E., COMÍN F.A., YOCKTENG R., 2012. Structural and Functional Loss in Restored Wetland Ecosystems. *PLoS Biol.,* 10 (1), e1001247. doi:10.1371/journal. pbio.1001247

MOSCOVICI S., 1999. *Essai sur l'histoire humaine de la nature,* Flammarion.

MUXART T., 2004. Anthroposystème. Hypergeo. http://www. hypergeo.eu/spip.php?article270.

NAEM S., THOMPSON L.J., LAWLER S.P., LAWTONJ.H., WOODFIN R.M., 1994. Declining biodiversity can alter the performance of ecosystems. *Nature,* 368, 734-737.

PATTEN B.C., ODUM P., 1981. The cybernetic nature of ecosystems. *Am. Nat.,* 118, 886-895.

PAVÉ A., 1994. *Modélisation en biologie et en écologie,* Aléas, Lyon.

PAVÉ A., 2007. *La nécessité du hasard. Vers une théorie synthétique de la biodiversité,* EDP Sciences.

PETERS R.H., 1991. *A Critique for Ecology,* Cambridge University Press, Cambridge, England.

PICKETT S.T.A., KOLASA J., JONES C.G., 1994. *Ecological understanding. The nature of theory and the theory of nature,* Academic Press.

PIMM S.L., 1984. The complexity and stability of ecosystems. *Nature,* 307, 321-326.

PIMM S.L., RUSSELL G.J., GITTLEMAN J.L., BROOKS T.M., 1995. The future of biodiversity. *Science*, 269, 247-250.

PRACH K., HOBBS R.J., 2008. Spontaneous Succession versus Technical Reclamation in the Restoration of Disturbed Sites. *Restoration Ecology*, 16, 363-366.

PROCTOR J.D., LARSON M.H., 2005. Ecology, complexity and metaphor. *BioScience*, 55 (12), 1065-1068.

RAHBEK J.W., COLWELL R.K., 2011. Biodiversity: Species loss revisited. *Nature*, 473, 288-289.

RAPPORT D.J., COSTANZA R., MCMICHAEL A.J., 1998. Assessing ecosystem health. *TREE*, 13, 397-402.

ROSNAY J. DE, 1975. *Le macroscope. Vers une vision globale*, Éditions du Seuil, Paris.

ROZZI R., 1999. The reciprocal links between evolutionary-ecological sciences and environmental ethics. *BioScience*, 49 (11), 911-921

SAGOFF M., 1999. What's wrong with exotic species ? *Rep. Inst. Philos. Public Policy*, 19: 16-23.

SAGOFF M., 2005. Do non-native species threaten the natural environment ? *Journal of Agricultural and Environmental Ethics*, 18(3), 215-236.

SECRÉTARIAT DE LA CONVENTION SUR LA DIVERSITÉ BIOLOGIQUE, 2010. Scénarios de la biodiversité : projections des changements de la biodiversité et des services écosystémiques pour le XXIe siècle. Rapport technique pour les Perspectives mondiales de la diversité biologique 3. Cahier technique n° 50 de la CDB.

SIMBERLOFF D., 2004. Community Ecology: Is It Time to Move On ? *The American Naturalist*, 163 (6), 787-799.

SOUTHWOOD T.R.E., 1977. Habitat, the templet for ecological strategies ? *J. Anim. Ecol.*, 46, 337-365.

STATZNER B., LÉVÊQUE C., 2007. Linking productivity, biodiversity and habitat of benthic stream macroinvertebrate communities: potential complications of worldwide and regional patterns. *Intern. Rev. Hydrobiol.*, 92(4-5), 428-451.

STATZNER B., RESH V., 2010. Negative changes in the scientific publication process in ecology : potential causes and consequences. *Freshwater Biology*, 55, 2639-2653.

TABACCHI A.M., TABACCHI E., 2006. Espèces exotiques et zones riveraines : du pire au meilleur ? *Zones Humides Infos*, 51-52, 8.

TANSLEY A.G., 1935. The use and abuse of vegetational concepts and terms. *Ecology*, 16 (3), 284-307.

TEDESCO P., 2011. The race to publish in the age of ever-increasing productivity. *Natures Sciences Sociétés* 19, 432-435.

THEODOROPOULOS D.I., 2003. *Invasion Biology. Critique of a pseudoscience*, Avvar Books, Blythe, California.

THUILLIER P., 1986. Darwin chez les Samouraï. *La Recherche*, 181, 1276-1280.

VANNOTE R.L., MINSHALL G.W., CUMMINS K.W., SEDELL J.R., CUSHING C.E., 1980. The river continuum concept. *Canadian Journal of Fisheries and Aquatic Sciences*, 37, 130-137.

VAN PARIJS P., 1985. L'avenir des écologistes : deux interprétations. *La Revue Nouvelle*.

VERHEYDEN C., JOUVENTIN, P., 1991. Essai de synthèse. *Bulletin d'Écologie*, 2 (22), 309-311.

VERMEIJ G.J., 2005. Invasion as expectation. A historical fact of life. *In: Species Invasions, Insights Into Ecology, Évolution and Biogeography* (Sax D.F., Stachowicz J.J., Gaines S.D., eds), Sinauer and Associates, Sunderland, Massachussets, pp. 315-339.

VOOSEN P., 2011. Scientist clash on claims over extinction « overestimates ». *The New York Times*, 18 may 2011.

WALLACE K.J., 2007. Classification of ecosystem services: problems and solutions. *Biological Conservation*, 139, 235-246.

WILSON E.O., 2003. *L'avenir de la vie*, Science ouverte, Seuil.

WORSTER D., 1992. *Les pionniers de l'écologie*, Sang de la Terre, Paris.

Photographie de couverture
© adimas – Fotolia.com

Formaté typographiquement par Desk

Dépôt légal : mars 2013
Imprimé pour vous par Books on Demand (Allemagne)